사고력도 탄탄! 창의력도 탄탄!

수학 일등의 지름길 「기탄사고력수학」

단계별·능력별 프로그램식 학습지입니다

유아부터 초등학교 6학년까지 각 단계별로 4~6권씩 총 52권으로 구성되었으며, 처음 시작할 때 나이와 학년에 관계없이 능력별 수준에 맞추어 학습하는 프로그램식 학습지입니다.

사고력·창의력을 키워 주는 수학 학습지입니다

다양한 사고 단계를 거쳐 문제 해결력을 높여 주며, 개념과 원리를 이해하도록 하여 수학적 사고력을 키워 줍니다. 또 수학적 사고를 바탕으로 스스로 생각하고 깨닫는 창의력을 키워 줍니다.

유아 과정은 물론 초등학교 수학의 전 영역을 골고루 학습합니다

운필력, 공간 지각력, 수 개념 등 유아 과정부터 시작하여, 초등학교 과정인 수와 연산, 도형 등 수학의 전 영역을 골고루 다루어, 자녀들의 수학적 사고의 폭을 넓히는 데 큰 도움을 줍니다.

학습 지도 가이드와 다양한 학습 성취도 평가 자료를 수록했습니다

매주, 매달, 매 단계마다 학습 목표에 따른 지도 내용과 지도 요점, 완벽한 해설을 제공하여 학부모님께서 쉽게 지도하실 수 있습니다. 창의력 문제와 수학 경시 대회 예상 문제를 단계별로 수록, 수학 실력을 완성시켜 줍니다.

과학적 학습 분량으로 공부하는 습관이 몸에 배입니다

하루 10~20분 정도의 과학적 학습량으로 공부에 싫증을 느끼지 않게 하고, 학습에 자신감을 가지도록 하였습니다. 매일 일정 시간 꾸준하게 공부하도록 하면, 시키지 않아도 공부하는 습관이 몸에 배게 됩니다.

「기탄사고력수학」은 체계적이고 장기적인 프로그램으로 꾸준히 학습하면 반드시 성적으로 보답합니다

✿ 스몰 스텝(Small Step)방식으로 꾸준히 학습하면 성적이 올라갑니다

「기탄사고력수학」은 단순히 문제만 나열한 문제집이 아닙니다. 체계적이고 장기적인 학습프로그램을 통해 수학적 사고력과 창의력을 완성시켜 주는 스몰 스텝(Small Step)방식으로 꾸준히 학습하면 반드시 성적이 올라갑니다.

✿ 하루 3장, 10~20분씩 규칙적으로 학습하게 하세요

매일 일정 시간에 일정한 학습량을 꾸준히 재미있게 해야만 학습효과를 높일 수 있습니다. 주별로 분철하기 쉽게 제본되어 있으니, 교재를 구입하시면 먼저 분철하여 일주일 학습 분량만 자녀들에게 나누어 주세요. 그래야만 아이들이 학습 성취감과 자신감을 가질 수 있습니다.

✿ 자녀들의 수준에 알맞은 교재를 선택하세요

〈기탄사고력수학〉은 유아에서 초등학교 6학년까지, 나이와 학년에 관계없이 학습 난이도별로 자신의 능력에 맞는 단계를 선택하여 시작하는 능력별 교재입니다. 그러나 자녀의 수준보다 1~2단계 낮춘 교재부터 시작하면 학습에 더욱 자신감을 갖게 되어 효과적입니다.

교재 구분	교재 구성	대 상
A단계 교재	1, 2, 3, 4집	4세 ~ 5세 아동
B단계 교재	1, 2, 3, 4집	5세 ~ 6세 아동
C단계 교재	1, 2, 3, 4집	6세 ~ 7세 아동
D단계 교재	1, 2, 3, 4집	7세 ~ 초등학교 1학년
E단계 교재	1, 2, 3, 4, 5, 6집	초등학교 1학년
F단계 교재	1, 2, 3, 4, 5, 6집	초등학교 2학년
G단계 교재	1, 2, 3, 4, 5, 6집	초등학교 3학년
H단계 교재	1, 2, 3, 4, 5, 6집	초등학교 4학년
I 단계 교재	1, 2, 3, 4, 5, 6집	초등학교 5학년
J단계 교재	1, 2, 3, 4, 5, 6집	초등학교 6학년

「기탄사고력수학」으로 수학 성적 올리는 일등비법을 공개합니다

※ 문제를 먼저 풀어 주지 마세요

기탄사고력수학은 직관(전체 감지)을 논리(이론과 구체 연결)로 발전시켜 답을 구하도록 구성되었습니다. 쉽게 문제를 풀지 못하더라도 노력하는 과정에서 더 많은 것을 얻을 수 있으니, 약간의 힌트 외에는 자녀가 스스로 끝까지 문제를 풀어 나갈 수 있도록 격려해 주세요.

※ 교재는 이렇게 활용하세요

먼저 자녀들의 능력에 맞는 교재를 선택하세요. 그리고 일주일 분량씩 분철하여 매일 3장씩 풀 수 있도록 해 주세요. 한꺼번에 많은 양의 교재를 주시면 어린이가 부담을 느껴서 학습을 미루거나 포기하기 쉽습니다. 적당한 양을 매일 매일 학습하도록 하여 수학 공부하는 재미를 느낄 수 있도록 해 주세요.

※ 교재 학습 과정을 꼭 지켜 주세요

한 주 학습이 끝날 때마다 창의력 문제와 경시 대회 예상 문제를 꼭 풀고 넘어가도록 해 주시고, 한 권(한 달 과정)이 끝나면 성취도 테스트와 종료 테스트를 통해 스스로 실력을 가늠해 볼 수 있도록 도와 주세요. 문제를 다 풀면 반드시 해답지를 이용하여 정확하게 채점해 주시고, 틀린 문제를 체크해 놓았다가 다음에는 확실히 풀 수 있도록 지도해 주세요.

※ 자녀의 학습 관리를 게을리 하지 마세요

수학적 사고는 하루 아침에 생겨나는 것이 아닙니다. 날마다 꾸준히 규칙적으로 학습해 나갈 때에만 비로소 수학적 사고의 기틀이 마련되는 것입니다. 교육은 사랑입니다. 자녀가 학습한 부분을 어머니께서 꼭 확인하시면서 사랑으로 돌봐 주세요. 부모님의 관심 속에서 자란 아이들만이 성적 향상은 물론 이 사회에서 꼭 필요한 인격체로 성장해 나갈 수 있다는 것도 잊지 마세요.

기탄사고력수학 교재별 학습 내용

단계 교재

A – ❶ 교재	A – ❷ 교재
나와 가족에 대하여 알기 바른 행동 알기 다양한 선 그리기 다양한 사물 색칠하기 ○△□ 알기 똑같은 것 찾기 빠진 것 찾기 종류가 같은 것과 다른 것 찾기 관찰력, 논리력, 사고력 키우기	필요한 물건 찾기 관계 있는 것 찾기 다양한 기준에 따라 분류하기 (종류, 용도, 모양, 색깔, 재질, 계절, 성질 등) 두 가지 기준에 따라 분류하기 다섯까지 세기 변별력 키우기 미로 통과하기
A – ❸ 교재	**A – ❹ 교재**
다양한 기준으로 비교하기 (길이, 높이, 양, 무게, 크기, 두께, 넓이, 속도, 깊이 등) 시간의 순서 비교하기 반대 개념 알기 3까지의 숫자 배우기 그림 퍼즐 맞추기 미로 통과하기	최상급 개념 알기 다양한 기준으로 순서 짓기 (크기, 시간, 길이, 두께 등) 네 가지 이상 비교하기 이중 서열 알기 ABAB, ABCABC의 규칙성 알기 다양한 규칙 이해하기 부분과 전체 알기 5까지의 숫자 배우기 일대일 대응, 일대다 대응 알기 미로 통과하기

단계 교재

B – ❶ 교재	B – ❷ 교재
열까지 세기 9까지의 숫자 배우기 사물의 기본 모양 알기 모양 구성하기 모양 나누기와 합치기 같은 모양, 짝이 되는 모양 찾기 위치 개념 알기 (위, 아래, 앞, 뒤) 위치 파악하기	9까지의 수량, 수 단어, 숫자 연결하기 구체물을 이용한 수 익히기 반구체물을 이용한 수 익히기 위치 개념 알기 (안, 밖, 왼쪽, 가운데, 오른쪽) 다양한 위치 개념 알기 시간 개념 알기 (낮, 밤) 구체물을 이용한 수와 양의 개념 알기 (같다, 많다, 적다)
B – ❸ 교재	**B – ❹ 교재**
순서대로 숫자 쓰기 거꾸로 숫자 쓰기 1 큰 수와 2 큰 수 알기 1 작은 수와 2 작은 수 알기 반구체물을 이용한 수와 양의 개념 알기 보존 개념 익히기 여러 가지 단위 배우기	순서수 알기 사물의 입체 모양 알기 입체 모양 나누기 두 수의 크기 비교하기 여러 수의 크기 비교하기 0의 개념 알기 0부터 9까지의 수 익히기

C 단계 교재

C - ❶ 교재	C - ❷ 교재
구체물을 통한 수 가르기 반구체물을 통한 수 가르기 숫자를 도입한 수 가르기 구체물을 통한 수 모으기 반구체물을 통한 수 모으기 숫자를 도입한 수 모으기	수 가르기와 모으기 여러 가지 방법으로 수 가르기 수 모으고 다시 수 가르기 수 가르고 다시 수 모으기 더해 보기 세로로 더해 보기 빼 보기 세로로 빼 보기 더해 보기와 빼 보기 바꾸어서 셈하기

C - ❸ 교재	C - ❹ 교재
길이 측정하기 넓이 측정하기 둘레 측정하기 부피 측정하기 활동 시간 알아보기 여러 가지 측정하기 높이 측정하기 크기 측정하기 무게 측정하기 들이 측정하기 시간의 순서 알아보기	열 개 열 개 만들어 보기 열 개 묶어 보기 자리 알아보기 수 '10' 알아보기 10의 크기 알아보기 더하여 10이 되는 수 알아보기 열다섯까지 세어 보기 스물까지 세어 보기

단계 교재

D - ❶ 교재	D - ❷ 교재
수 11~20 알기 11~20까지의 수 알기 30까지의 수 알아보기 자릿값을 이용하여 30까지의 수 나타내기 40까지의 수 알아보기 자릿값을 이용하여 40까지의 수 나타내기 자릿값을 이용하여 50까지의 수 나타내기 50까지의 수 알아보기	상자 모양, 공 모양, 둥근기둥 모양 알아보기 공간 위치 알아보기 입체도형으로 모양 만들기 여러 방향에서 본 모습 관찰하기 평면도형 알아보기 선대칭 모양 알아보기 모양 만들기와 탱그램

D - ❸ 교재	D - ❹ 교재
덧셈 이해하기 10이 되는 더하기 여러 가지로 더해 보기 덧셈 익히기 뺄셈 이해하기 10에서 빼기 여러 가지로 빼 보기 뺄셈 익히기	조사하여 기록하기 그래프의 이해 그래프의 활용 분수의 이해 시간 느끼기 사건의 순서 알기 소요 시간 알아보기 달력 보기 시계 보기 활동한 시간 알기

단계 교재

E – ❶ 교재	E – ❷ 교재	E – ❸ 교재
사물의 개수를 세어 보고 1, 2, 3, 4, 5 알아보기	두 수로 가르기	수 10(십) 알아보기
0의 개념과 0~5까지의 수의 순서 알기	두 수를 모으기	19까지의 수 알아보기
하나 더 많다, 적다의 개념 알기	가르기와 모으기	몇십과 몇십 몇 알아보기
두 수의 크기 비교하기	덧셈식 알아보기	물건의 수 세기
사물의 개수를 세어 보고 6, 7, 8, 9 알아보기	뺄셈식 알아보기	50까지 수의 순서 알아보기
0~9까지의 수의 순서 알기	길이 비교해 보기	두 수의 크기 비교하기
하나 더 많다, 적다의 개념 알기	높이 비교해 보기	분류하기
두 수의 크기 비교하기	들이 비교해 보기	분류하여 세어 보기
여러 가지 모양 알아보기, 찾아보기, 만들어 보기	무게 비교해 보기	
규칙 찾기	넓이 비교해 보기	

E – ❹ 교재	E – ❺ 교재	E – ❻ 교재
수 60, 70, 80, 90	10이 되는 더하기	세 수의 덧셈
99까지의 수	10에서 빼기	받아올림이 있는 (몇)+(몇)
수의 순서	세 수의 덧셈과 뺄셈	받아내림이 있는 (십 몇)–(몇)
두 수의 크기 비교	(몇십)+(몇), (몇십 몇)+(몇),	세 수의 계산
여러 가지 모양 알아보기, 찾아보기	(몇십 몇)+(몇십 몇)	덧셈식, 뺄셈식 만들기
여러 가지 모양 만들기, 그리기	(몇십 몇)–(몇), (몇십 몇)–(몇십 몇)	□가 있는 덧셈식, 뺄셈식 만들기
규칙 찾기	긴바늘, 짧은바늘 알아보기	여러 가지 방법으로 해결하기
10을 두 수로 가르기	몇 시 알아보기	
10이 되도록 두 수를 모으기	몇 시 30분 알아보기	

단계 교재

F – ❶ 교재	F – ❷ 교재	F – ❸ 교재
백(100)과 몇백(200, 300, ……)의 개념 이해	받아올림이 있는 (두 자리 수)+(두 자리 수)의 계산	시각 읽기
세 자리 수와 뛰어 세기의 이해	받아내림이 있는 (두 자리 수)–(두 자리 수)의 계산	시각과 시간의 차이 알기
세 자리 수의 크기 비교	여러 가지 방법으로 계산하고 세 수의 혼합 계산	하루의 시간 알기
받아올림이 있는 (두 자리 수)+(한 자리 수)의 계산	길이 비교와 단위길이의 비교	달력을 보며 1년 알기
받아내림이 있는 (두 자리 수)–(한 자리 수)의 계산	길이의 단위(cm) 알기	몇 시 몇 분 전 알기
세 수의 덧셈과 뺄셈	길이 재기와 길이 어림하기	반 시간 알기
선분과 직선의 차이 이해	어떤 수를 □로 나타내기	묶어 세기
사각형, 삼각형, 원 등의 여러 가지 모양	덧셈식·뺄셈식에서 □의 값 구하기	몇 배 알아보기
쌓기나무로 똑같이 쌓아 보고 여러 가지 모양 만들기	어떤 수를 구하는 식 만들기	더하기를 곱하기로 나타내기
배열 순서에 따라 규칙 찾아내기	식에 알맞은 문제 만들기	덧셈식과 곱셈식으로 나타내기

F – ❹ 교재	F – ❺ 교재	F – ❻ 교재
2~9의 단 곱셈구구 익히기	받아올림이 있는 세 자리 수의 덧셈	□가 있는 곱셈식을 만들어 문제 해결하기
1의 단 곱셈구구와 0의 곱	받아내림이 있는 세 자리 수의 뺄셈	규칙을 찾아 문제 해결하기
곱셈표에서 규칙 찾기	여러 가지 방법으로 덧셈·뺄셈하기	거꾸로 생각하여 문제 해결하기
받아올림이 없는 세 자리 수의 덧셈	세 수의 혼합 계산	
받아내림이 없는 세 자리 수의 뺄셈	똑같이 나누기	
여러 가지 방법으로 계산하기	전체와 부분의 크기	
미터(m)와 센티미터(cm)	분수의 쓰기와 읽기	
길이 재기	분수만큼 색칠하고 분수로 나타내기	
길이 어림하기	표와 그래프로 나타내기	
길이의 합과 차	조사하여 표와 그래프로 나타내기	

단계 교재

G - ❶ 교재	G - ❷ 교재	G - ❸ 교재
1000의 개념 알기 몇천, 네 자리 수 알기 수의 자릿값 알기 뛰어 세기, 두 수의 크기 비교 세 자리 수의 덧셈 덧셈의 여러 가지 방법 세 자리 수의 뺄셈 뺄셈의 여러 가지 방법 각과 직각의 이해 직각삼각형, 직사각형, 정사각형의 이해	똑같이 묶어 덜어 내기와 똑같게 나누기 나눗셈의 몫 곱셈과 나눗셈의 관계 나눗셈의 몫을 구하는 방법 나눗셈의 세로 형식 곱셈을 활용하여 나눗셈의 몫 구하기 평면도형 밀기, 뒤집기, 돌리기 평면도형 뒤집고 돌리기 (몇십)×(몇)의 계산 (두 자리 수)×(한 자리 수)의 계산	분수만큼 알기와 분수로 나타내기 몇 개인지 알기 분수의 크기 비교 mm 단위를 알기와 mm 단위까지 길이 재기 km 단위를 알기 km, m, cm, mm의 단위가 있는 길이의 합과 차 구하기 시각과 시간의 개념 알기 1초의 개념 알기 시간의 합과 차 구하기
G - ❹ 교재	**G - ❺ 교재**	**G - ❻ 교재**
(네 자리 수)+(세 자리 수) (네 자리 수)+(네 자리 수) (네 자리 수)−(세 자리 수) (네 자리 수)−(네 자리 수) 세 수의 덧셈과 뺄셈 (세 자리 수)×(한 자리 수) (몇십)×(몇십) / (두 자리 수)×(몇십) (두 자리 수)×(두 자리 수) 원의 중심과 반지름 / 그리기 / 지름 / 성질	(몇십)÷(몇) 내림이 없는 (몇십 몇)÷(몇) 나눗셈의 몫과 나머지 나눗셈식의 검산 / (몇십 몇)÷(몇) 들이 / 들이의 단위 들이의 어림하기와 합과 차 무게 / 무게의 단위 무게의 어림하기와 합과 차 0.1 / 소수 알아보기 소수의 크기 비교하기	막대그래프 막대그래프 그리기 그림그래프 그림그래프 그리기 알맞은 그래프로 나타내기 규칙을 정해 무늬 꾸미기 규칙을 찾아 문제 해결 표를 만들어서 문제 해결 예상과 확인으로 문제 해결

단계 교재

H - ❶ 교재	H - ❷ 교재	H - ❸ 교재
만 / 다섯 자리 수 / 십만, 백만, 천만 억 / 조 / 큰 수 뛰어서 세기 두 수의 크기 비교 100, 1000, 10000, 몇백, 몇천의 곱 (세,네 자리 수)×(두 자리 수) 세 수의 곱셈 / 몇십으로 나누기 (두,세 자리 수)÷(두 자리 수) 각의 크기 / 각 그리기 / 각도의 합과 차 삼각형의 세 각의 크기의 합 사각형의 네 각의 크기의 합	이등변삼각형 / 이등변삼각형의 성질 정삼각형 / 예각과 둔각 예각삼각형 / 둔각삼각형 덧셈, 뺄셈 또는 곱셈, 나눗셈이 섞여 있는 혼합 계산 덧셈, 뺄셈, 곱셈, 나눗셈이 섞여 있는 혼합 계산 ( ), { }가 있는 혼합 계산 분수와 진분수 / 가분수와 대분수 대분수를 가분수로, 가분수를 대분수로 나타내기 분모가 같은 분수의 크기 비교	소수 소수 두 자리 수 소수 세 자리 수 소수 사이의 관계 소수의 크기 비교 규칙을 찾아 수로 나타내기 규칙을 찾아 글로 나타내기 새로운 무늬 만들기
H - ❹ 교재	**H - ❺ 교재**	**H - ❻ 교재**
분모가 같은 진분수의 덧셈 분모가 같은 대분수의 덧셈 분모가 같은 진분수의 뺄셈 분모가 같은 대분수의 뺄셈 분모가 같은 대분수와 진분수의 덧셈과 뺄셈 소수의 덧셈 / 소수의 뺄셈 수직과 수선 / 수선 긋기 평행선 / 평행선 긋기 평행선 사이의 거리	사다리꼴 / 평행사변형 / 마름모 직사각형과 정사각형의 성질 다각형과 정다각형 / 대각선 여러 가지 모양 만들기 여러 가지 모양으로 덮기 직사각형과 정사각형의 둘레 1cm^2 / 직사각형과 정사각형의 넓이 여러 가지 도형의 넓이 이상과 이하 / 초과와 미만 / 수의 범위 올림과 버림 / 반올림 / 어림의 활용	꺾은선그래프 꺾은선그래프 그리기 물결선을 사용한 꺾은선그래프 물결선을 사용한 꺾은선그래프 그리기 알맞은 그래프로 나타내기 꺾은선그래프의 활용 두 수 사이의 관계 두 수 사이의 관계를 식으로 나타내기 문제를 해결하고 풀이 과정을 설명하기

단계 교재

I – ❶ 교재	I – ❷ 교재	I – ❸ 교재
약수 / 배수 / 배수와 약수의 관계	세 분수의 덧셈과 뺄셈	평행사변형의 넓이
공약수와 최대공약수	(진분수)×(자연수) / (대분수)×(자연수)	삼각형의 넓이
공배수와 최소공배수	(자연수)×(진분수) / (자연수)×(대분수)	사다리꼴의 넓이
크기가 같은 분수 알기	(단위분수)×(단위분수)	마름모의 넓이
크기가 같은 분수 만들기	(진분수)×(진분수) / (대분수)×(대분수)	넓이의 단위 m^2, a
분수의 약분 / 분수의 통분	세 분수의 곱셈 / 합동인 도형의 성질	넓이의 단위 ha, km^2
분수의 크기 비교 / 진분수의 덧셈	합동인 삼각형 그리기	넓이의 단위 관계
대분수의 덧셈 / 진분수의 뺄셈	면, 모서리, 꼭짓점	무게의 단위
대분수의 뺄셈 / 세 분수의 덧셈과 뺄셈	직육면체와 정육면체	
	직육면체의 성질 / 겨냥도 / 전개도	

I – ❹ 교재	I – ❺ 교재	I – ❻ 교재
분수와 소수의 관계	(소수)×(자연수) / (자연수)×(소수)	두 수의 크기 비교
분수를 소수로, 소수를 분수로 나타내기	곱의 소수점의 위치	비율
분수와 소수의 크기 비교	(소수)×(소수)	백분율
1÷(자연수)를 곱셈으로 나타내기	소수의 곱셈	할푼리
(자연수)÷(자연수)를 곱셈으로 나타내기	(소수)÷(자연수)	실제로 해 보기와 표 만들기
(진분수)÷(자연수) / (가분수)÷(자연수)	(자연수)÷(자연수)	그림 그리기와 식 만들기
(대분수)÷(자연수)	줄기와 잎 그림	예상하고 확인하기와 표 만들기
분수와 자연수의 혼합 계산	그림그래프	실제로 해 보기와 규칙 찾기
선대칭도형/선대칭의 위치에 있는 도형	평균	
점대칭도형/점대칭의 위치에 있는 도형	자료를 그래프로 나타내고 설명하기	

단계 교재

J – ❶ 교재	J – ❷ 교재	J – ❸ 교재
(자연수)÷(단위분수)	쌓기나무의 개수	비례식
분모가 같은 진분수끼리의 나눗셈	쌓기나무의 각 자리, 각 층별로 나누어	비의 성질
분모가 다른 진분수끼리의 나눗셈	개수 구하기	가장 작은 자연수의 비로 나타내기
(자연수)÷(진분수) / 대분수의 나눗셈	규칙 찾기	비례식의 성질
분수의 나눗셈 활용하기	쌓기나무로 만든 것, 여러 가지 입체도형,	비례식의 활용
소수의 나눗셈 / (자연수)÷(소수)	여러 가지 생활 속 건축물의 위, 앞, 옆	연비
소수의 나눗셈에서 나머지	에서 본 모양	두 비의 관계를 연비로 나타내기
반올림한 몫	원주와 원주율 / 원의 넓이	연비의 성질
입체도형과 각기둥 / 각뿔	띠그래프 알기 / 띠그래프 그리기	비례배분
각기둥의 전개도 / 각뿔의 전개도	원그래프 알기 / 원그래프 그리기	연비로 비례배분

J – ❹ 교재	J – ❺ 교재	J – ❻ 교재
(소수)÷(분수) / (분수)÷(소수)	원기둥의 겉넓이	두 수 사이의 대응 관계 / 정비례
분수와 소수의 혼합 계산	원기둥의 부피	정비례를 활용하여 생활 문제 해결하기
원기둥 / 원기둥의 전개도	경우의 수	반비례
원뿔	순서가 있는 경우의 수	반비례를 활용하여 생활 문제 해결하기
회전체 / 회전체의 단면	여러 가지 경우의 수	그림을 그리거나 식을 세워 문제 해결하기
직육면체와 정육면체의 겉넓이	확률	거꾸로 생각하거나 식을 세워 문제 해결하기
부피의 비교 / 부피의 단위	미지수를 x로 나타내기	표를 작성하거나 예상과 확인을 통하여
직육면체와 정육면체의 부피	등식 알기 / 방정식 알기	문제 해결하기
부피의 큰 단위	등식의 성질을 이용하여 방정식 풀기	여러 가지 방법으로 문제 해결하기
부피와 들이 사이의 관계	방정식의 활용	새로운 문제를 만들어 풀어 보기

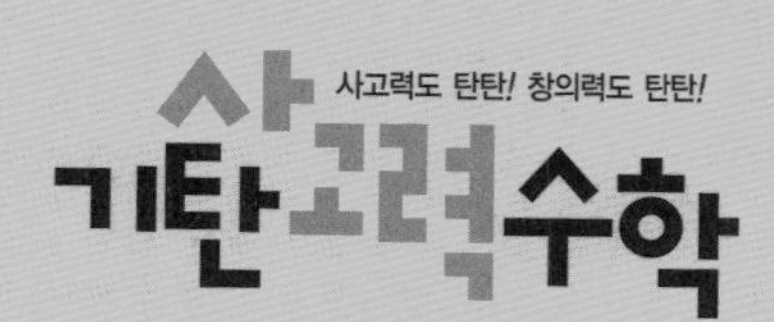

D1

D1a ~ D15b

학습 내용

두 자리 수	• 수 11 알기 • 수 12 알기 • 수 13 알기 • 수 14 알기 • 수 15 알기 • 수 16 알기 • 수 17 알기 • 수 18 알기 • 수 19 알기 • 수 20 알기 • 11~20까지의 수 알기

이번 주는?

- 학습 방법 : ① 매일매일 ② 가끔 ③ 한꺼번에 하였습니다.
- 학습 태도 : ① 스스로 잘 ② 시켜서 억지로 하였습니다.
- 학습 흥미 : ① 재미있게 ② 싫증 내며 하였습니다.
- 교재 내용 : ① 적합하다고 ② 어렵다고 ③ 쉽다고 하였습니다.

지도 교사가 부모님께

부모님이 지도 교사께

평가 Ⓐ 아주 잘함 Ⓑ 잘함 Ⓒ 보통 Ⓓ 부족함

원(교) 반 이름 전화

기초부터 탄탄하게 기탄교육

이렇게 도와주세요!

두 자리 수

이미 배운 0과 1에서 9까지의 수를 이용하여 아이가 십진법의 원리를 체험적으로 익히게 됩니다. 십진법에서 가장 중요한 개념은 자릿값의 이해입니다. 낱개 열 개가 모여 십이 되고, 십이 열 개가 모여 백이 되고, 백이 열 개가 모여 천이 되는 십진법은 표현되는 숫자는 1로 모두 같아도 자릿값에 따라 나타내는 수가 완전히 다릅니다.
본 활동에서는 열 개가 되면 묶어서 교환하는 활동을 통해 자릿값의 이해를 돕게 됩니다.

지도 목표

낱개 열 개가 모여서 한 묶음이 되는 활동을 통해 1이 열 개이면 윗자리 1이 됨을 자연스럽게 알게 합니다.

지도 요점

'십의 자리', '자릿값'이라는 용어를 굳이 사용하지 않더라도 열 개 묶음이 자리만 바뀌어 1로 표현되고 있음을 자연스럽게 인지하게 합니다.

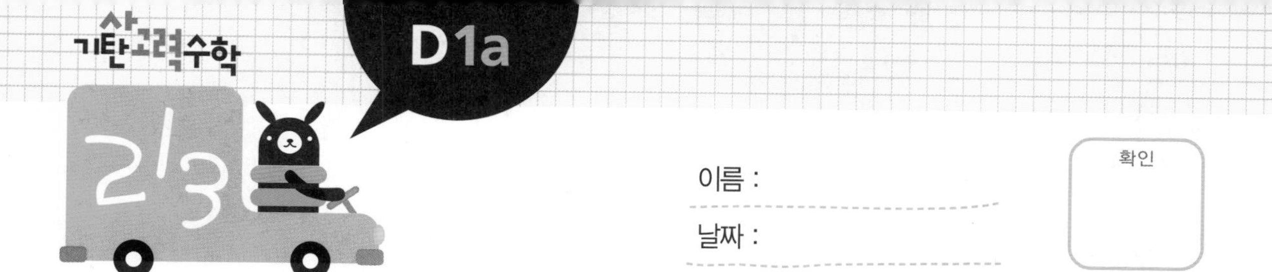

이름 :

날짜 :

확인

[수 11 알기]

동전을 세어 열 개를 ◯로 묶고 숫자로 나타내어 보세요.

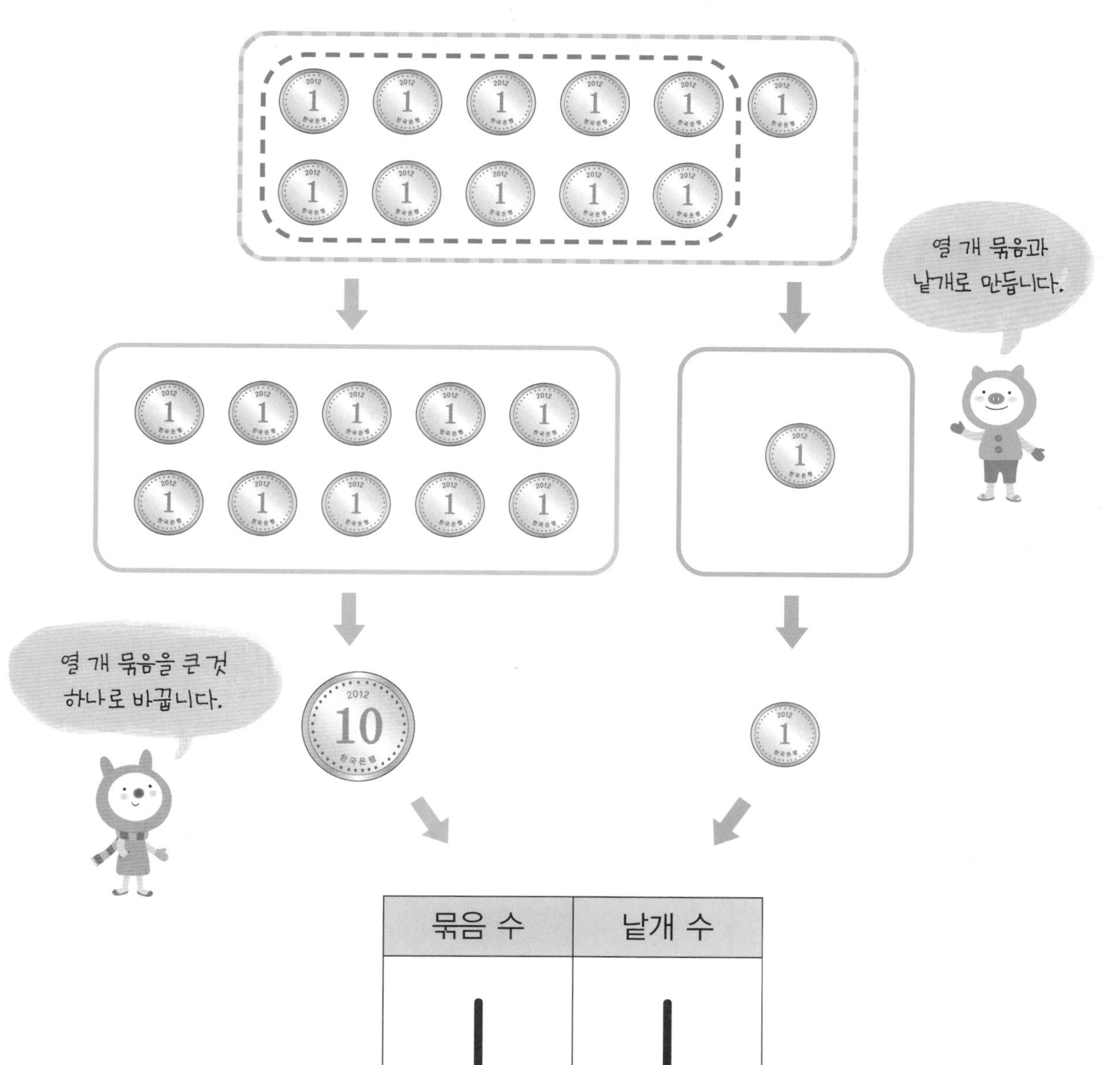

묶음 수	낱개 수
1	1

토끼 인형을 세어 열 개를 ◯로 묶고 숫자로 나타내어 보세요.

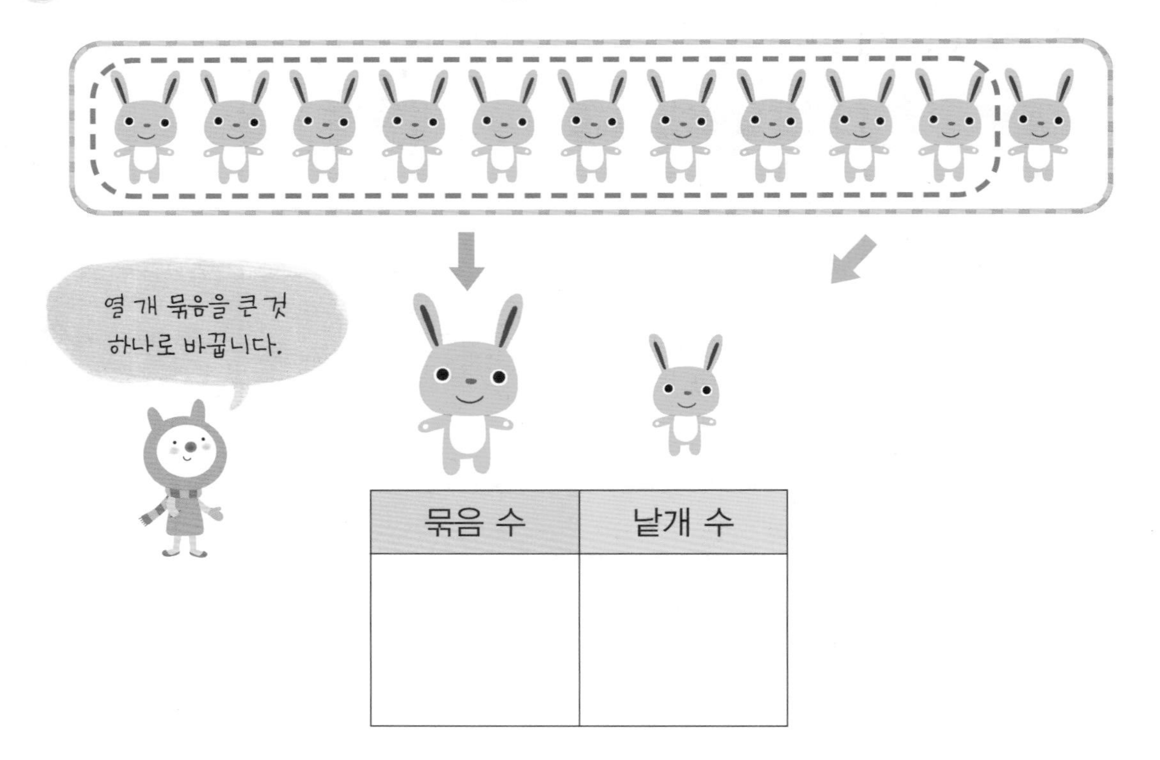

묶음 수	낱개 수

로봇 장난감을 세어 열 개를 ◯로 묶고 숫자로 나타내어 보세요.

묶음 수	낱개 수

이름 :

날짜 :

확인

[수 12 알기]

동전을 세어 열 개를 ◯로 묶고 숫자로 나타내어 보세요.

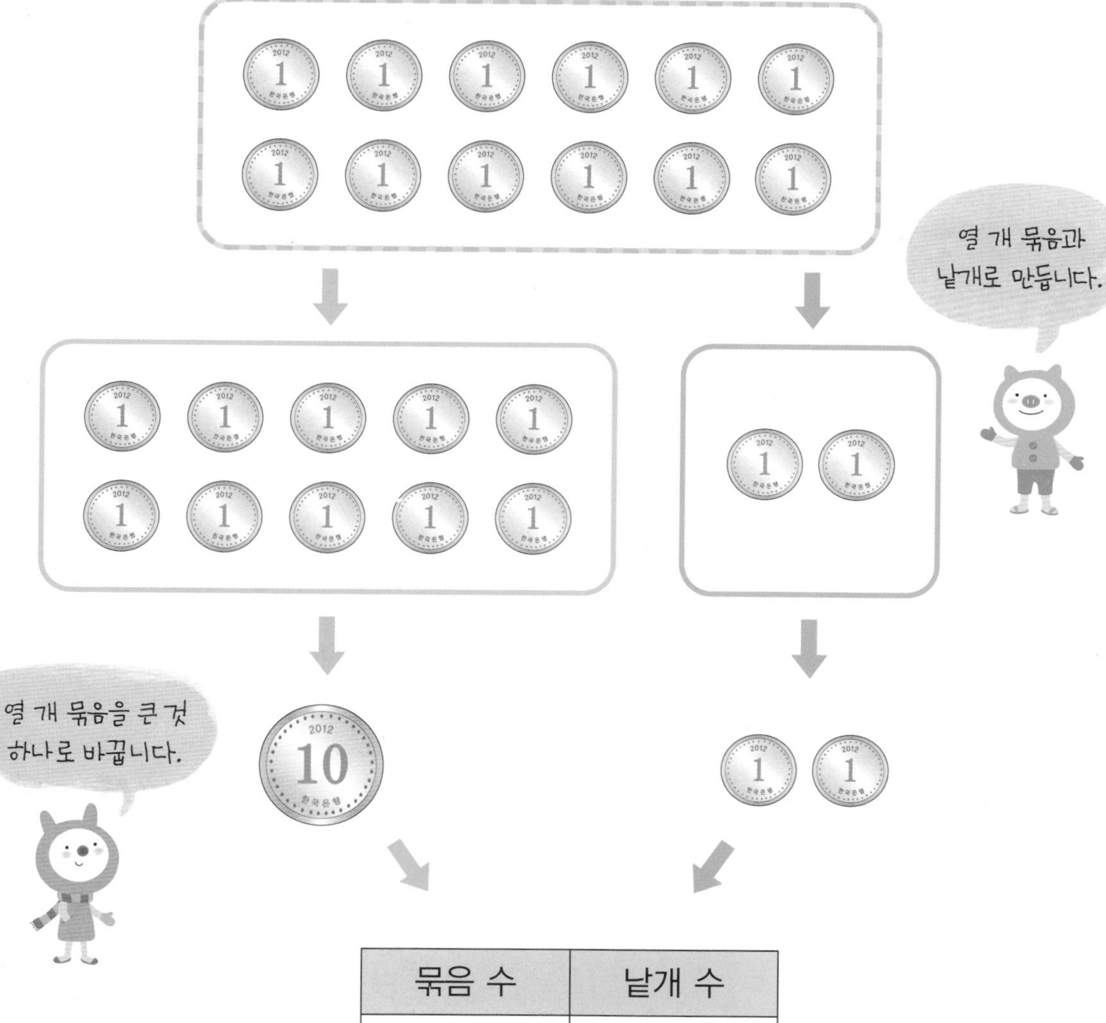

묶음 수	낱개 수
1	2

당근을 세어 열 개를 ◯로 묶고 숫자로 나타내어 보세요.

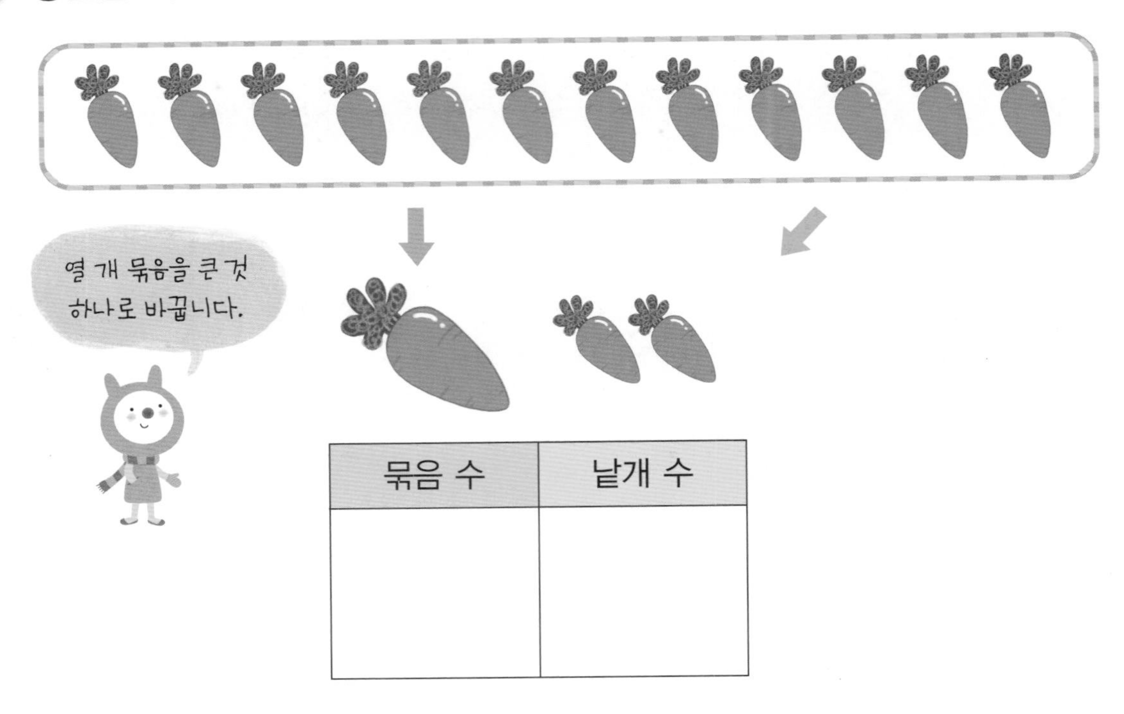

묶음 수	낱개 수

무를 세어 열 개를 ◯로 묶고 숫자로 나타내어 보세요.

묶음 수	낱개 수

이름 :

날짜 :

확인

[수 13 알기]

동전을 세어 열 개를 ◯로 묶고 숫자로 나타내어 보세요.

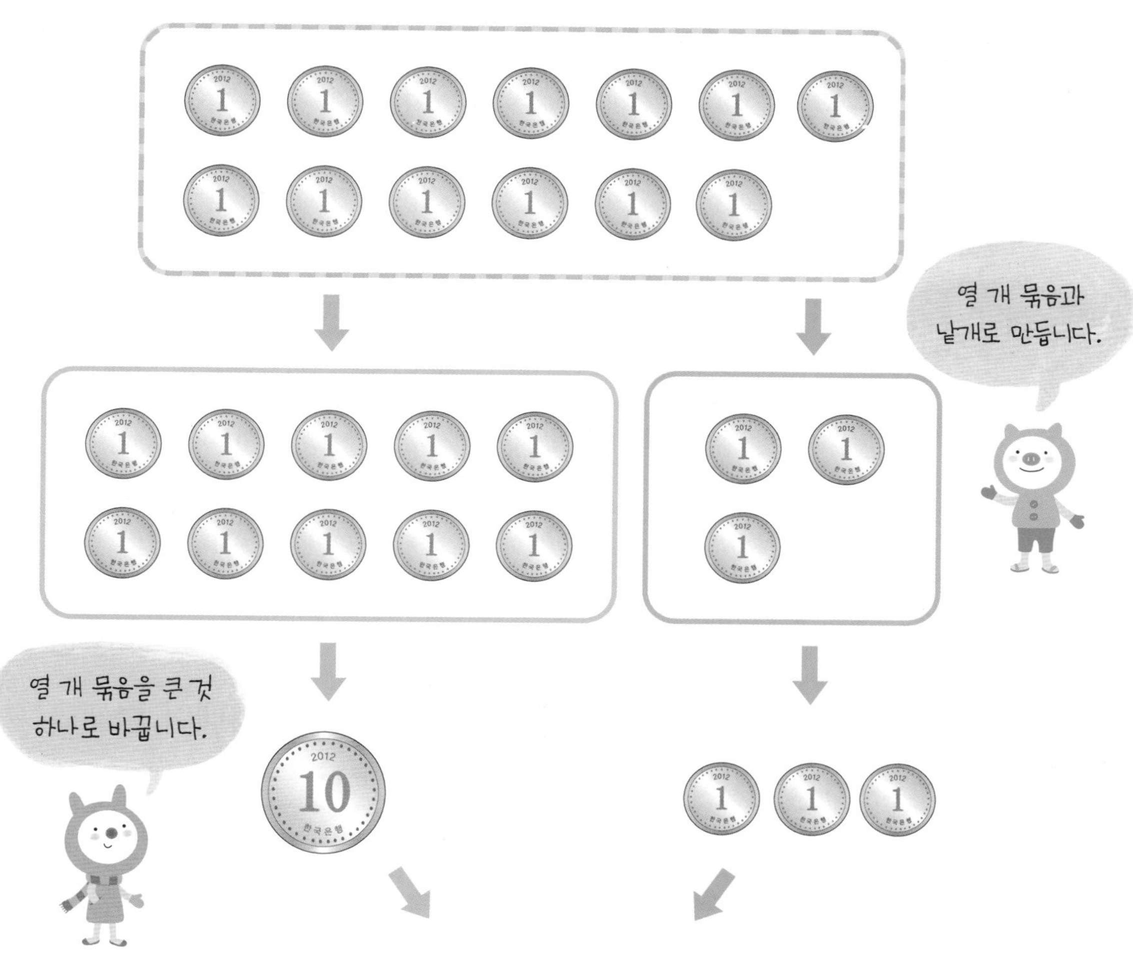

묶음 수	낱개 수
1	3

화분을 세어 열 개를 ◯로 묶고 숫자로 나타내어 보세요.

묶음 수	낱개 수

화분 받침대를 세어 열 개를 ◯로 묶고 숫자로 나타내어 보세요.

묶음 수	낱개 수

이름 :

날짜 :

확인

[수 14 알기]

동전을 세어 열 개를 ◯로 묶고 숫자로 나타내어 보세요.

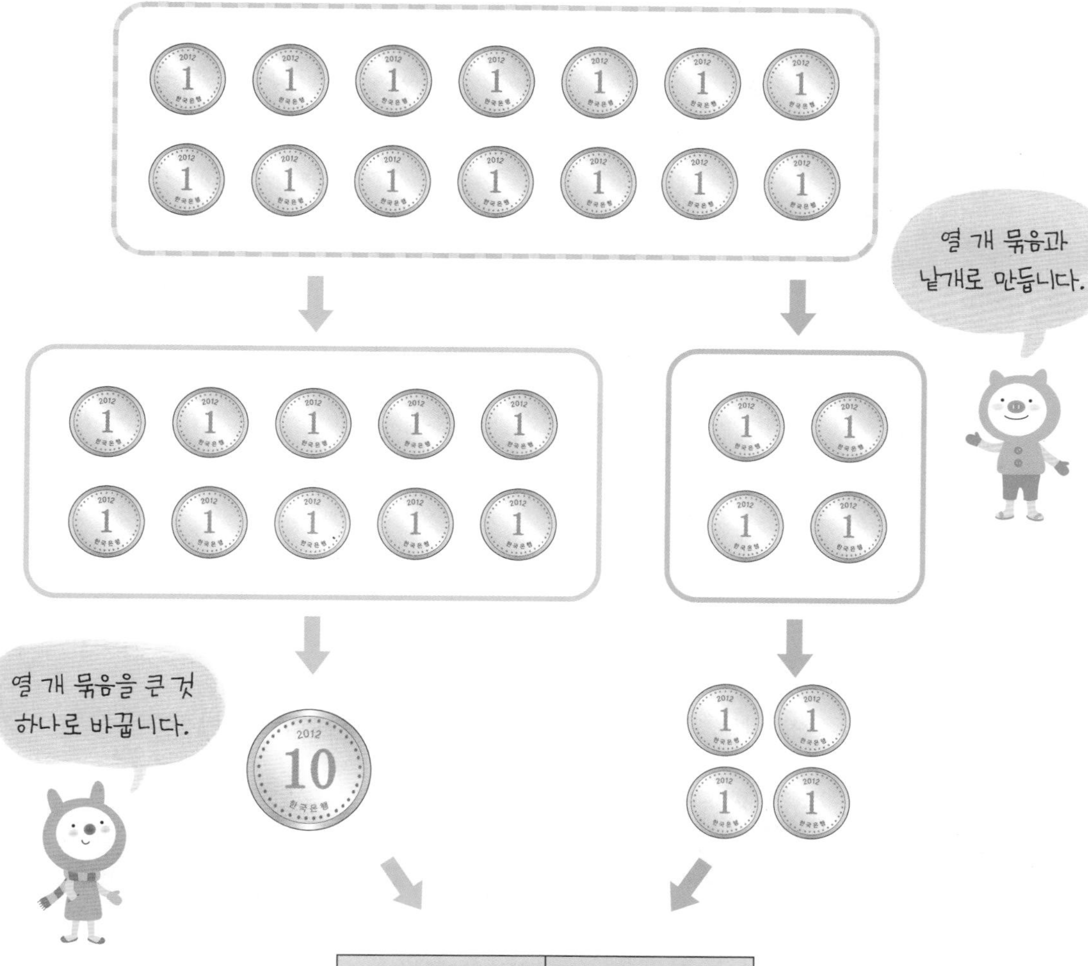

묶음 수	낱개 수
1	4

버섯을 세어 열 개를 ◯로 묶고 숫자로 나타내어 보세요.

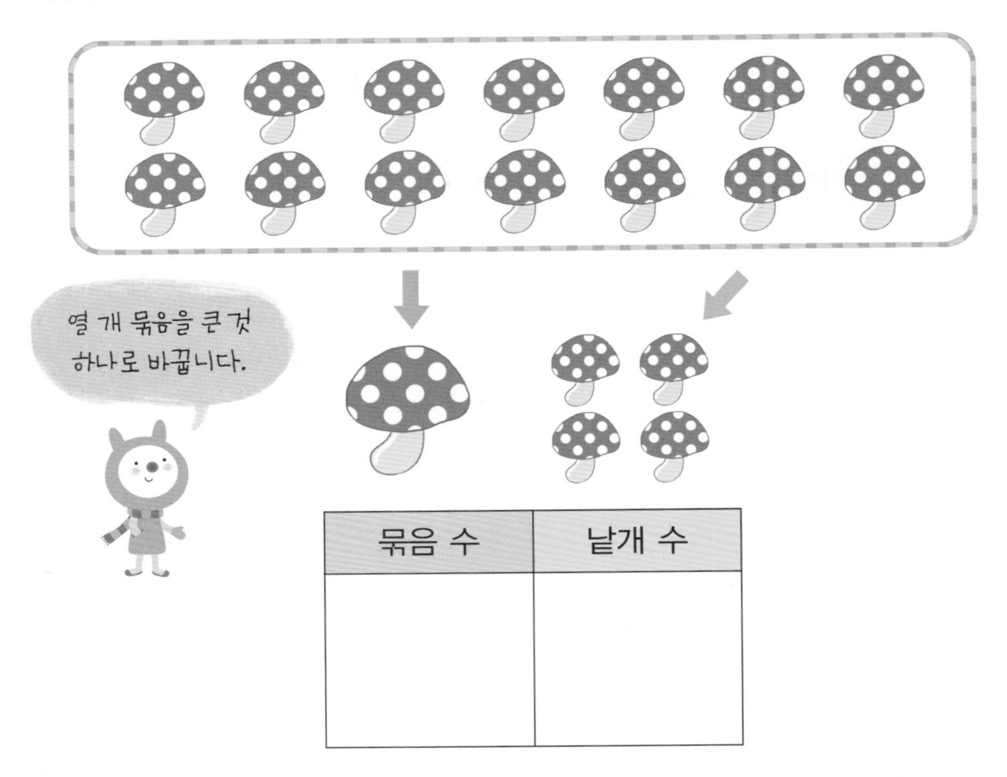

묶음 수	낱개 수

피망을 세어 열 개를 ◯로 묶고 숫자로 나타내어 보세요.

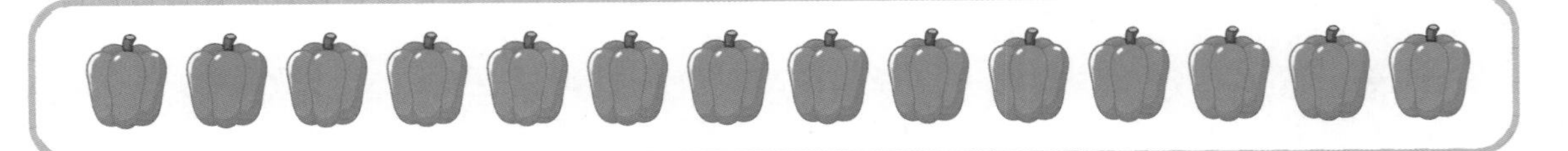

묶음 수	낱개 수

이름 :

날짜 :

확인

[수 15 알기]

동전을 세어 열 개를 ⬭로 묶고 숫자로 나타내어 보세요.

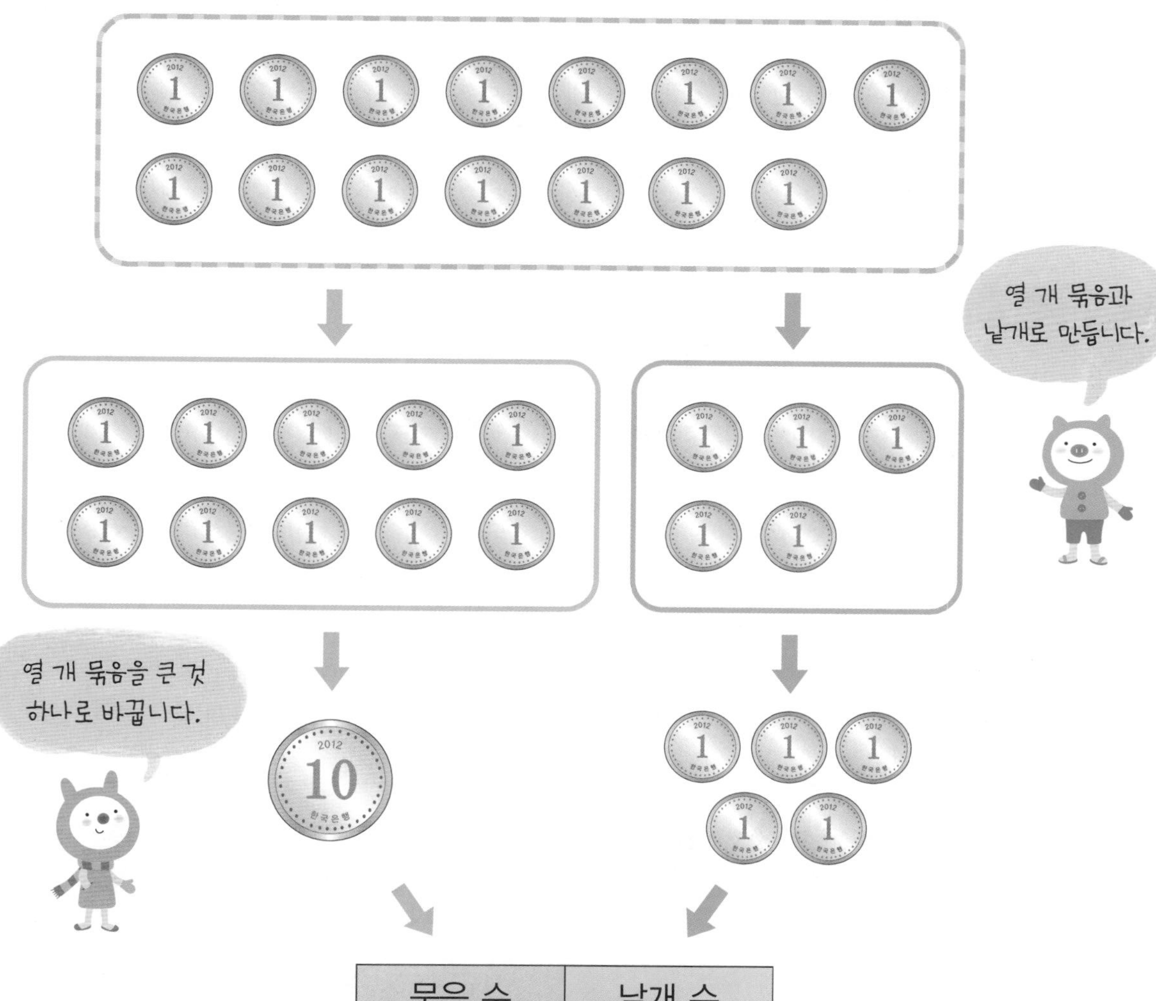

묶음 수	낱개 수
1	5

귤을 세어 열 개를 ◯로 묶고 숫자로 나타내어 보세요.

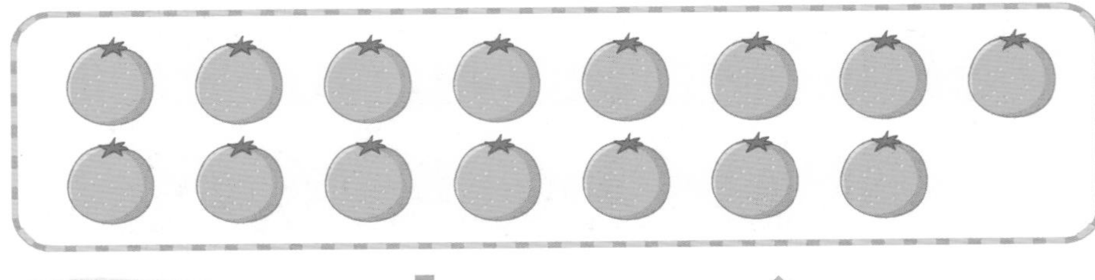

열 개 묶음을 큰 것 하나로 바꿉니다.

묶음 수	낱개 수

딸기를 세어 열 개를 ◯로 묶고 숫자로 나타내어 보세요.

묶음 수	낱개 수

이름 :

날짜 :

확인

[수 16 알기]

동전을 세어 열 개를 ◯로 묶고 숫자로 나타내어 보세요.

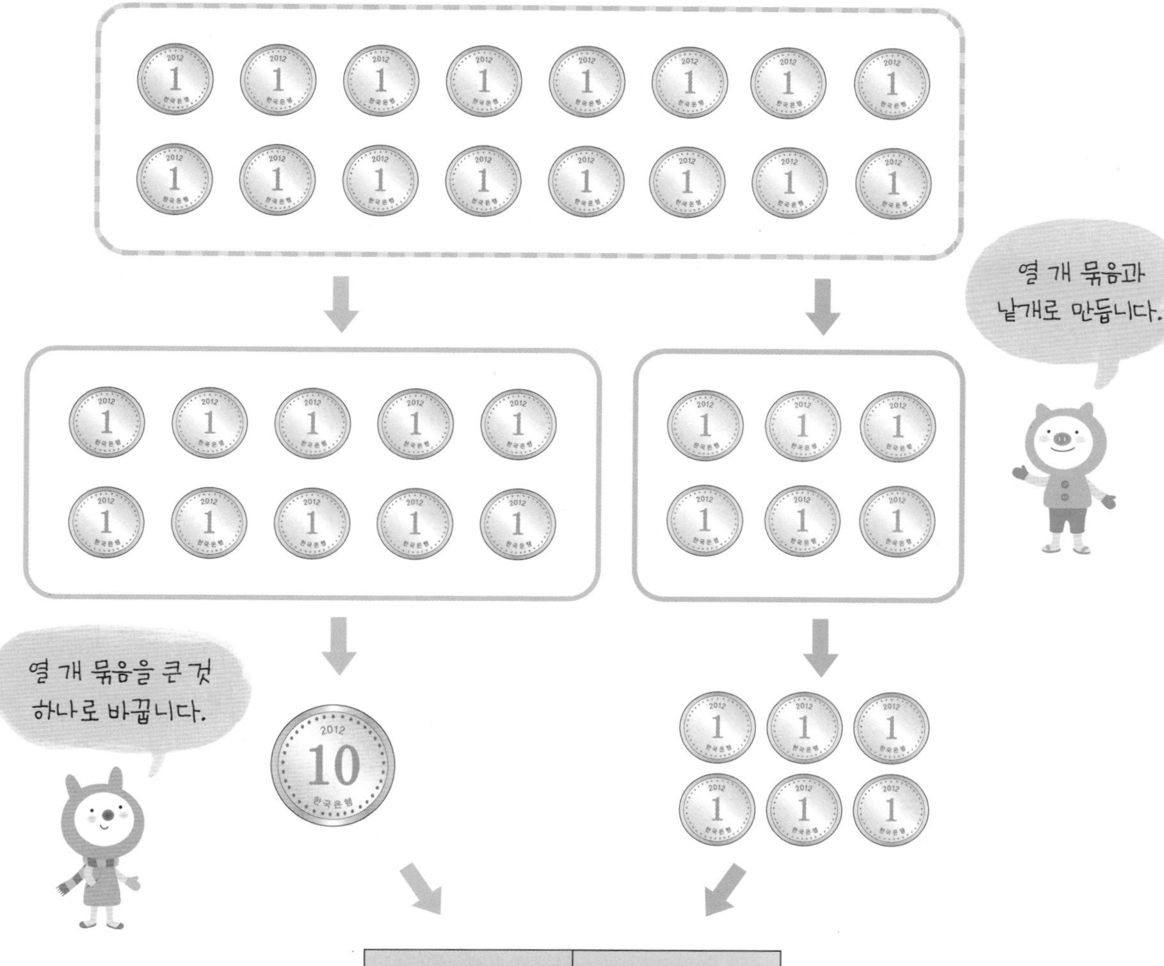

묶음 수	낱개 수
1	6

나비를 세어 열 마리를 ◯로 묶고 숫자로 나타내어 보세요.

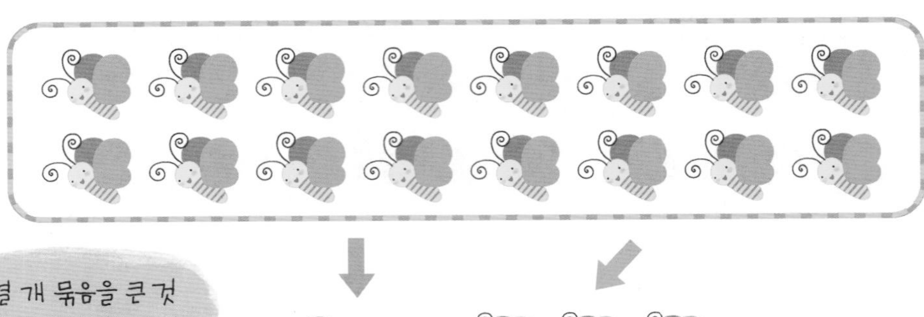

묶음 수	낱개 수

매미를 세어 열 마리를 ◯로 묶고 숫자로 나타내어 보세요.

묶음 수	낱개 수

이름 :

날짜 :

확인

[수 17 알기]

동전을 세어 열 개를 ◯로 묶고 숫자로 나타내어 보세요.

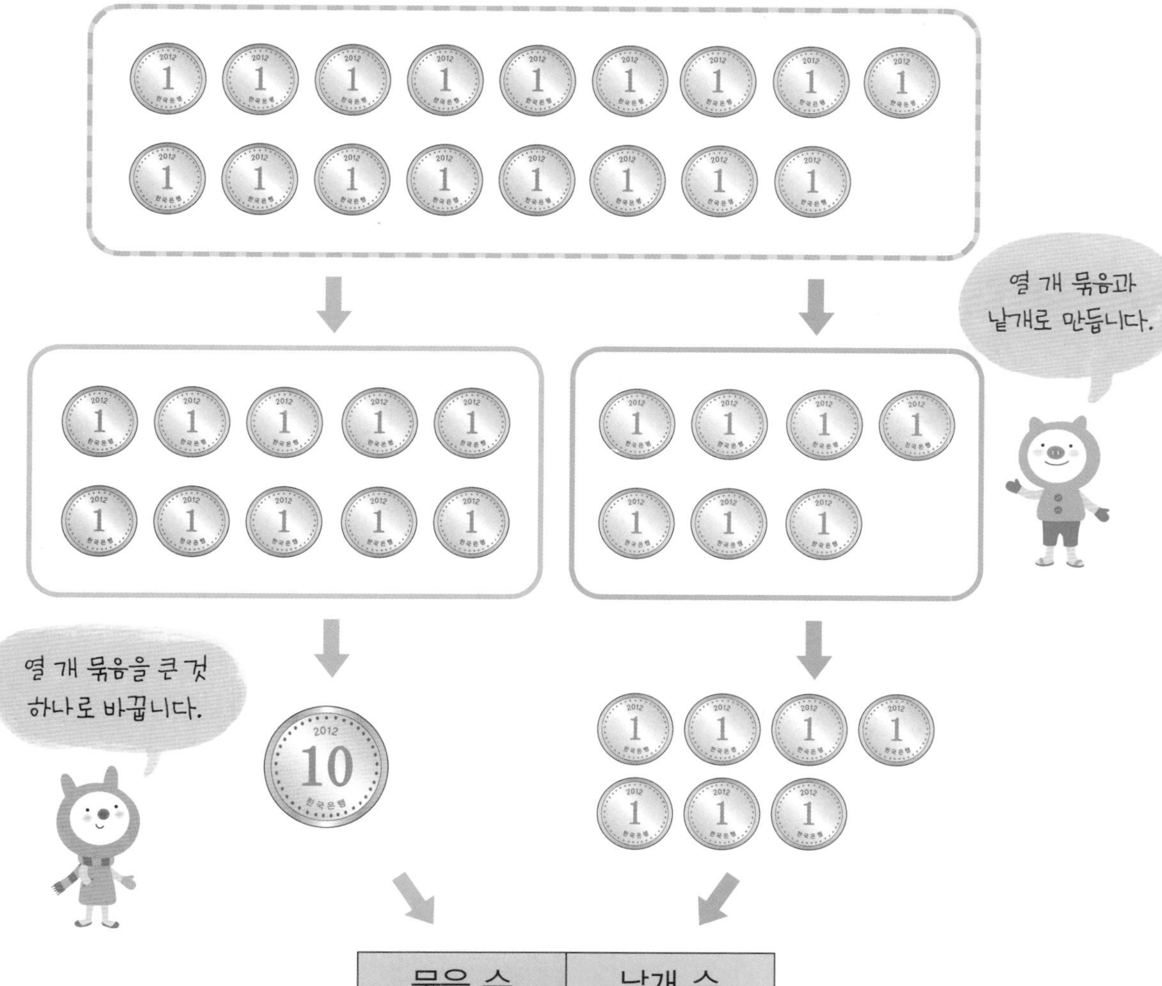

묶음 수	낱개 수
1	7

막대 사탕을 세어 열 개를 ◯로 묶고 숫자로 나타내어 보세요.

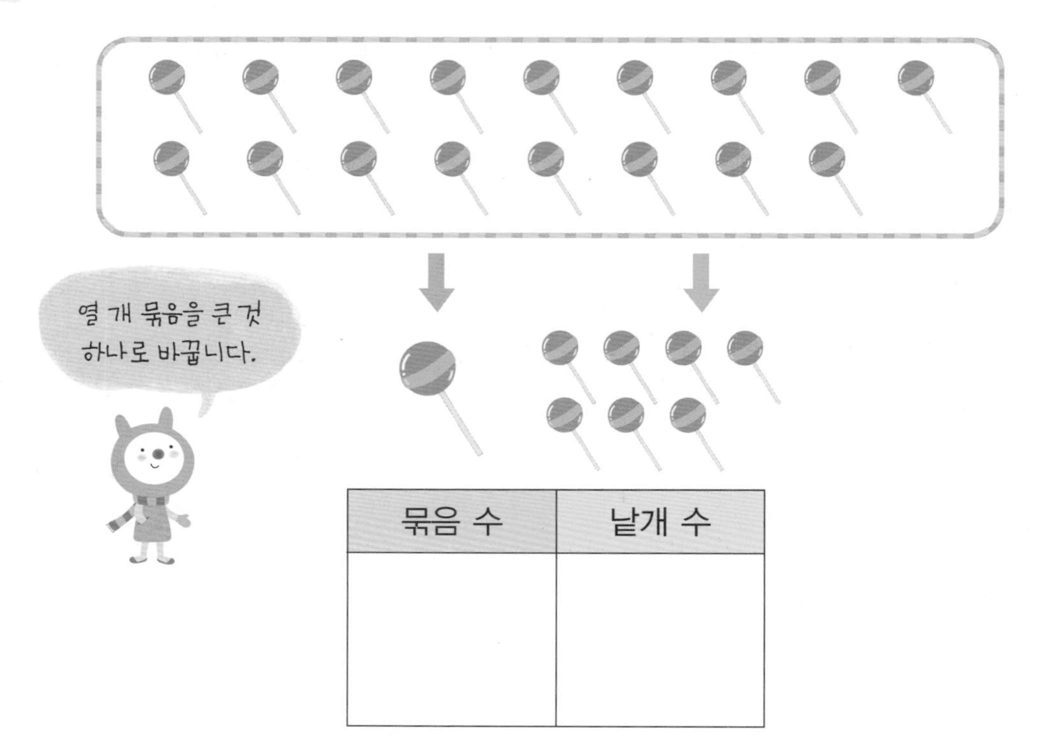

묶음 수	낱개 수

사탕을 세어 열 개를 ◯로 묶고 숫자로 나타내어 보세요.

묶음 수	낱개 수

이름 :

날짜 :

확인

[수 18 알기]

동전을 세어 열 개를 ◯로 묶고 숫자로 나타내어 보세요.

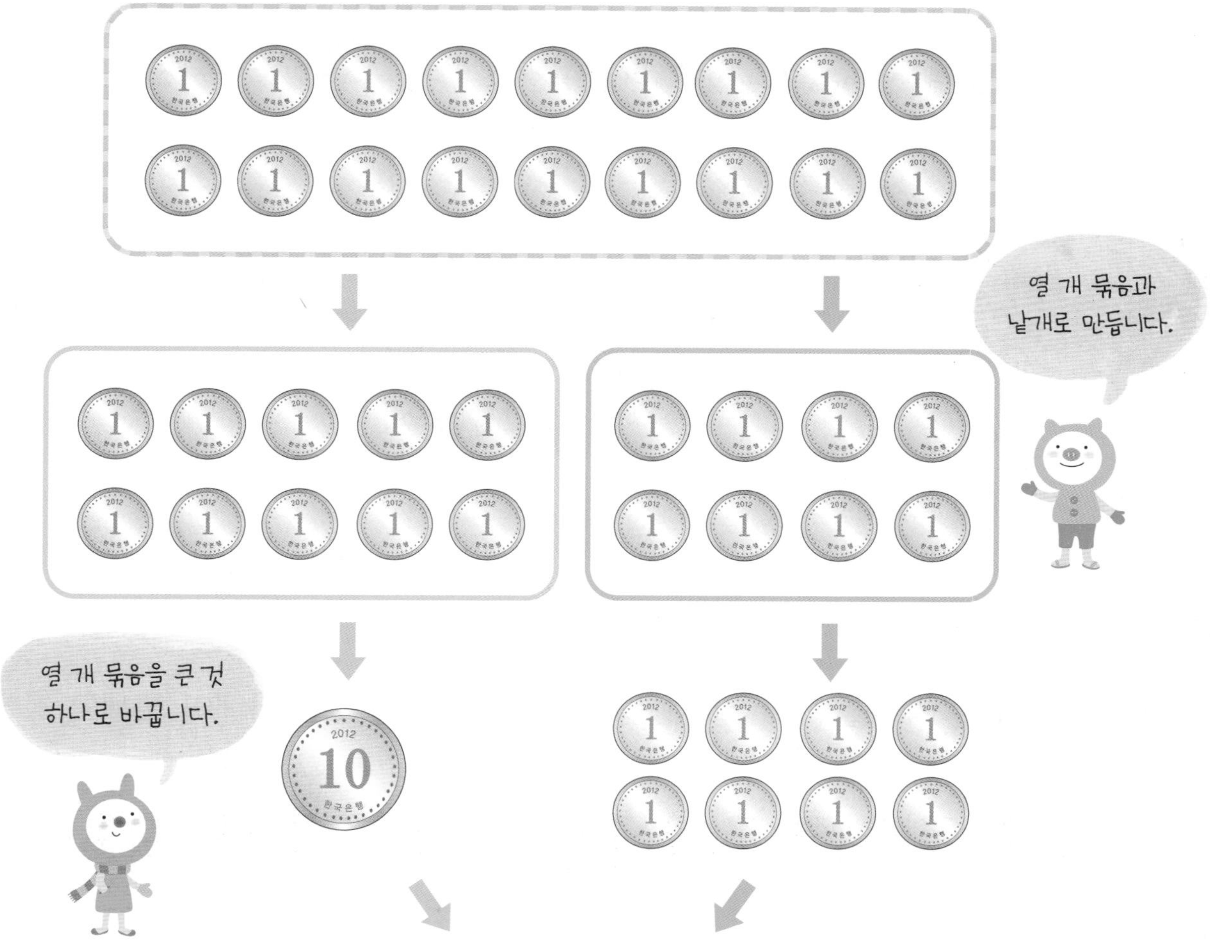

열 개 묶음과 낱개로 만듭니다.

열 개 묶음을 큰 것 하나로 바꿉니다.

묶음 수	낱개 수
1	8

모자를 세어 열 개를 ◯로 묶고 숫자로 나타내어 보세요.

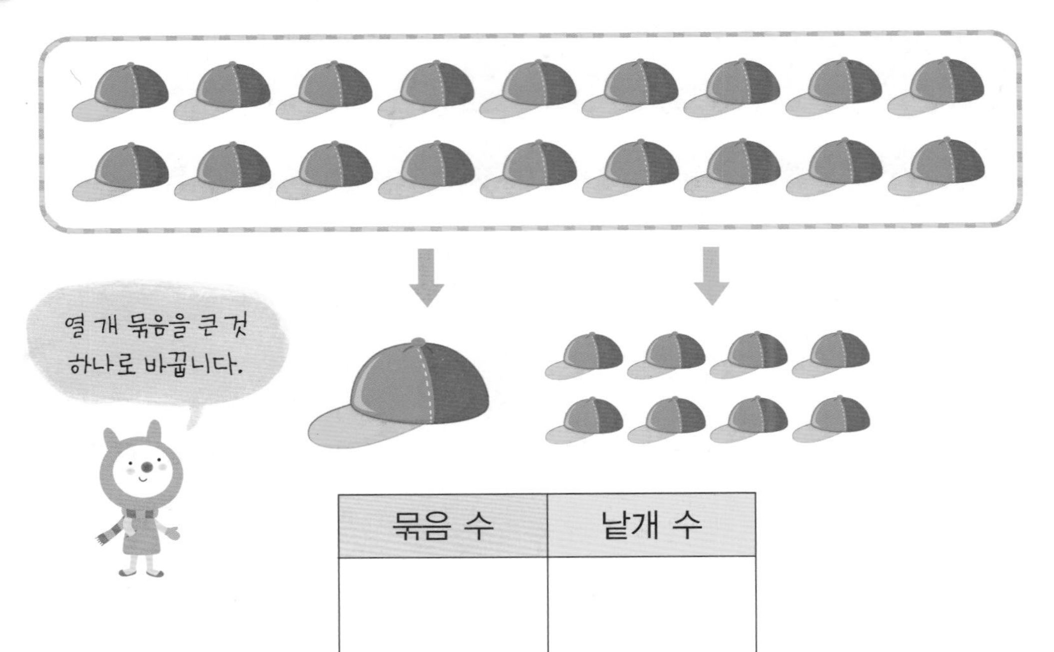

묶음 수	낱개 수

야구 글러브를 세어 열 개를 ◯로 묶고 숫자로 나타내어 보세요.

묶음 수	낱개 수

이름 :

날짜 :

확인

[수 19 알기]

동전을 세어 열 개를 ◯로 묶고 숫자로 나타내어 보세요.

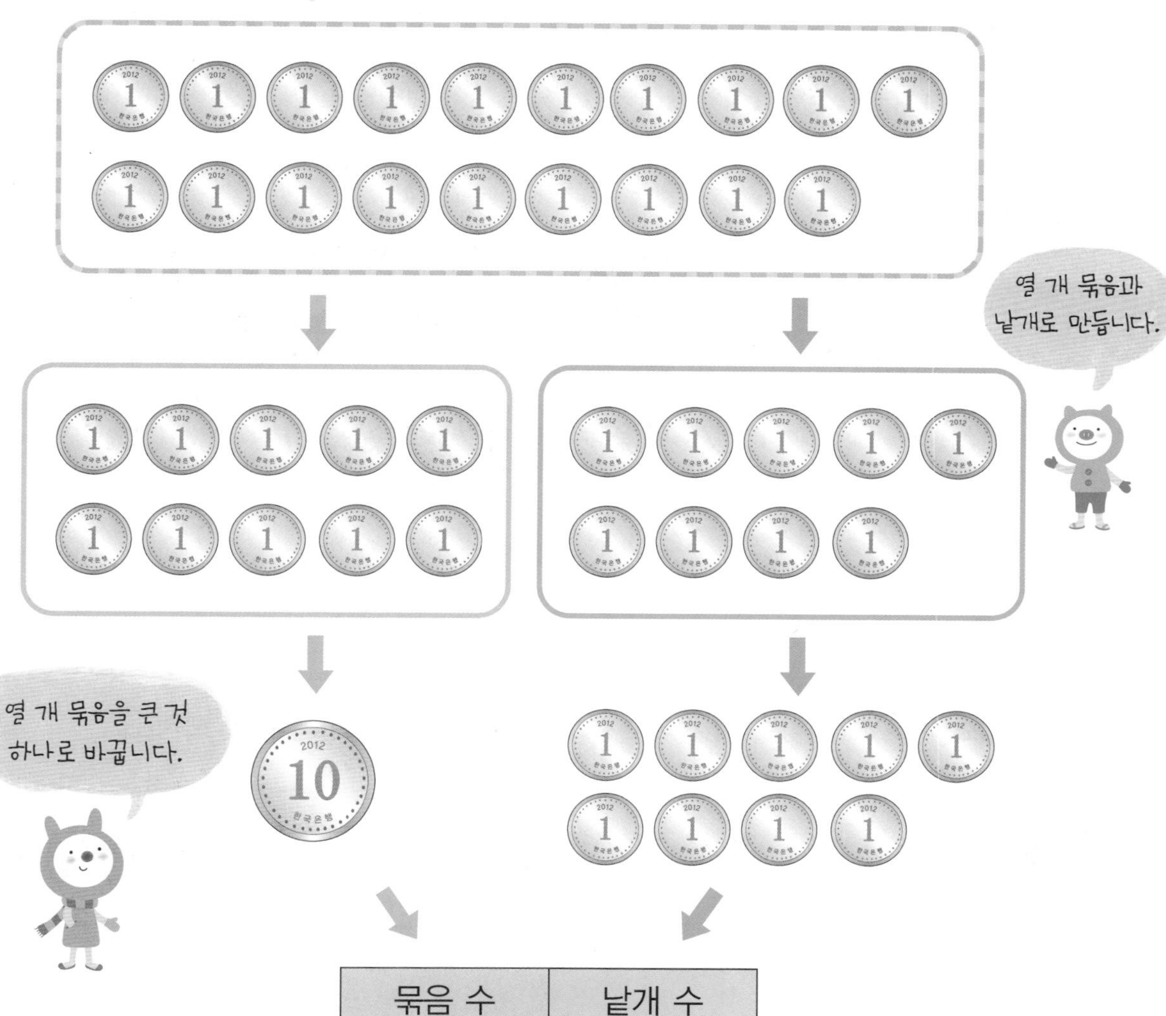

묶음 수	낱개 수
1	9

다람쥐를 세어 열 마리를 ◯로 묶고 숫자로 나타내어 보세요.

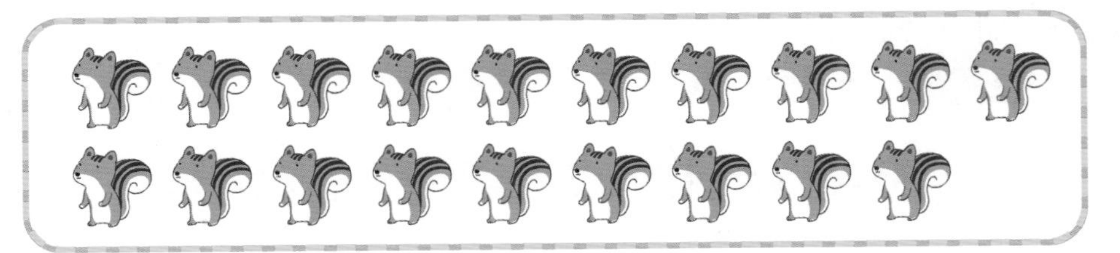

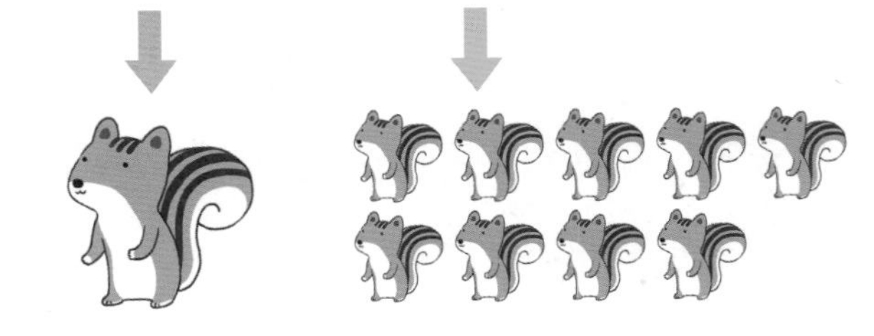

묶음 수	낱개 수

도토리를 세어 열 개를 ◯로 묶고 숫자로 나타내어 보세요.

묶음 수	낱개 수

이름 :

날짜 :

확인

[수 20 알기]

동전을 세어 열 개씩 ◯로 묶고 숫자로 나타내어 보세요.

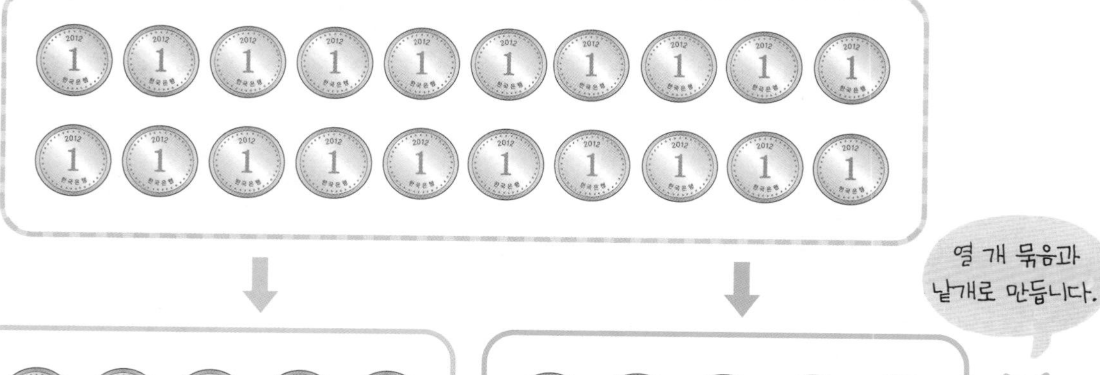

열 개 묶음과 낱개로 만듭니다.

열 개 묶음을 큰 것 하나로 바꿉니다.

열 개 묶음을 큰 것 하나로 바꿉니다.

묶음 수	낱개 수
2	0

튤립을 세어 열 송이씩 ◯로 묶고 숫자로 나타내어 보세요.

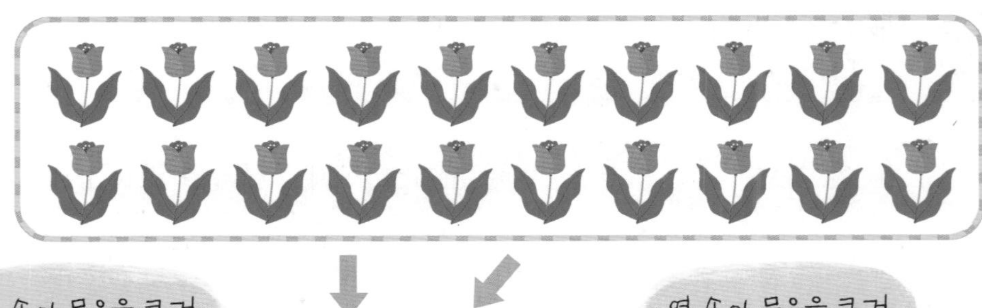

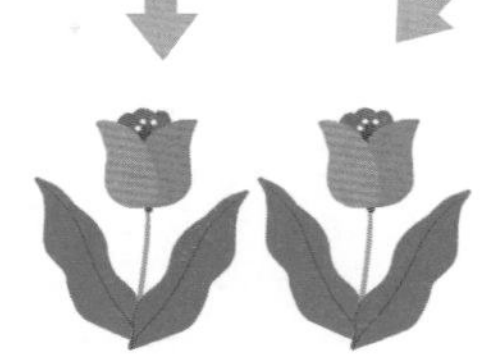

묶음 수	낱개 수

장미를 세어 열 송이씩 ◯로 묶고 숫자로 나타내어 보세요.

묶음 수	낱개 수

이름 :

날짜 :

확인

[11~20까지의 수 알기]

수를 세어 10만큼 묶고 다음과 같이 나타내어 보세요.

열하나	11
	십일

수를 세어 10만큼 묶고 다음과 같이 나타내어 보세요.

열여섯	16
	십육

이름 :

날짜 :

확인

수를 세어 보고 다음과 같이 나타내어 보세요.

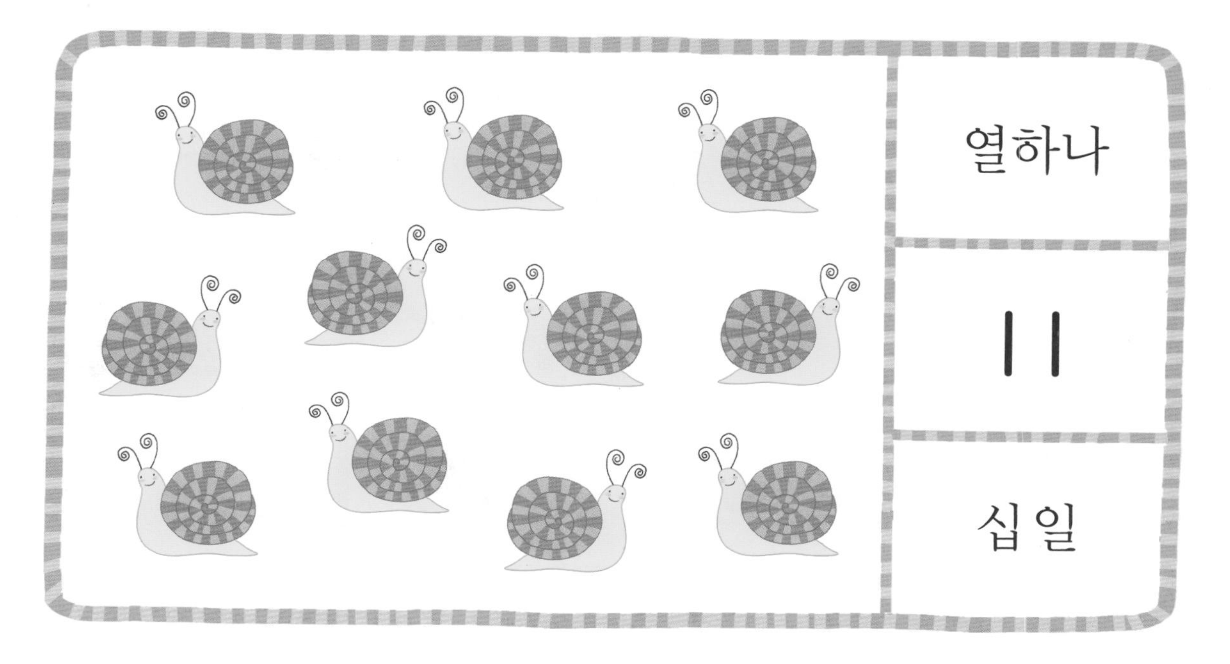

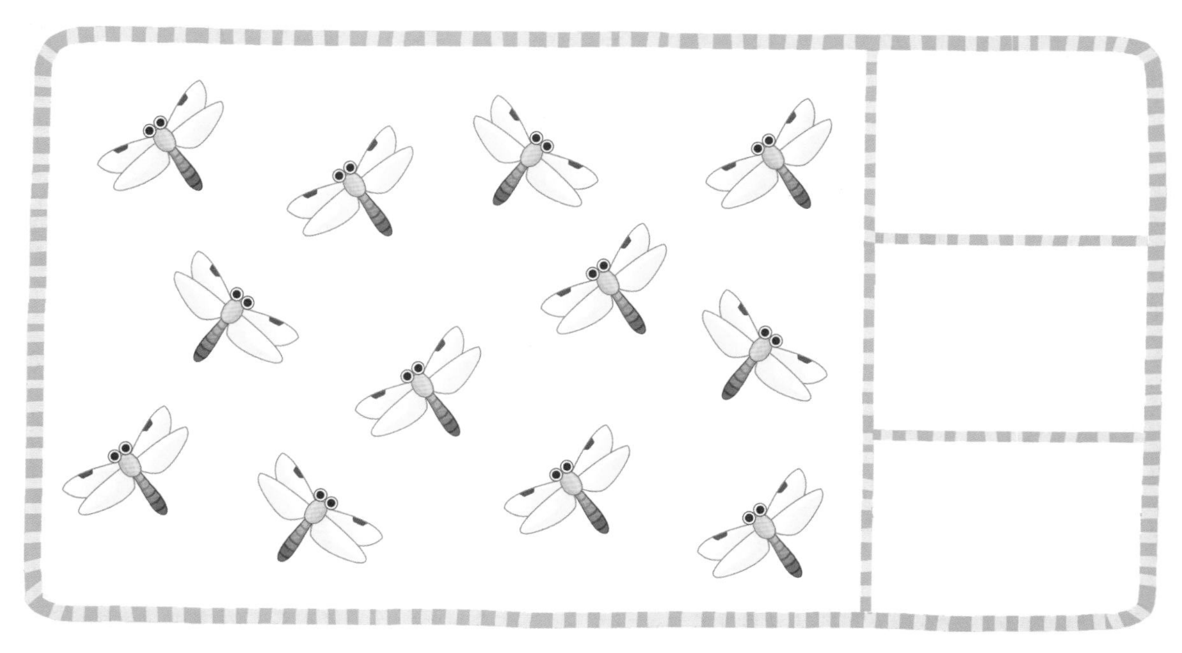

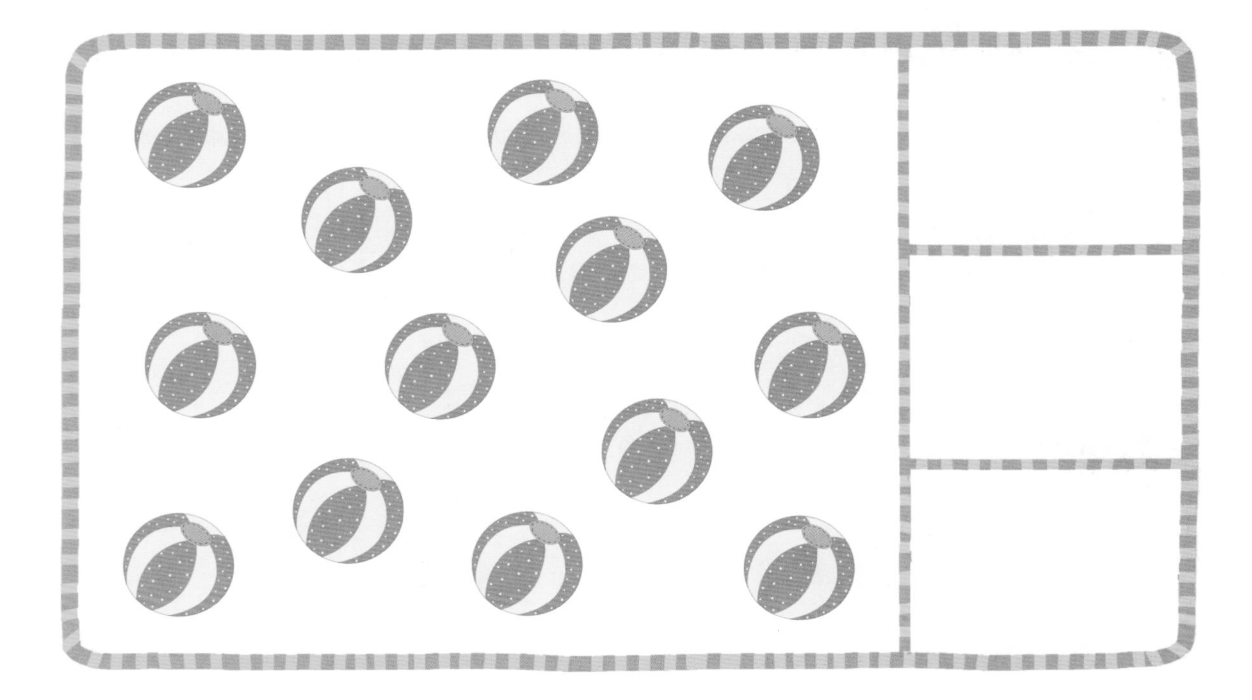

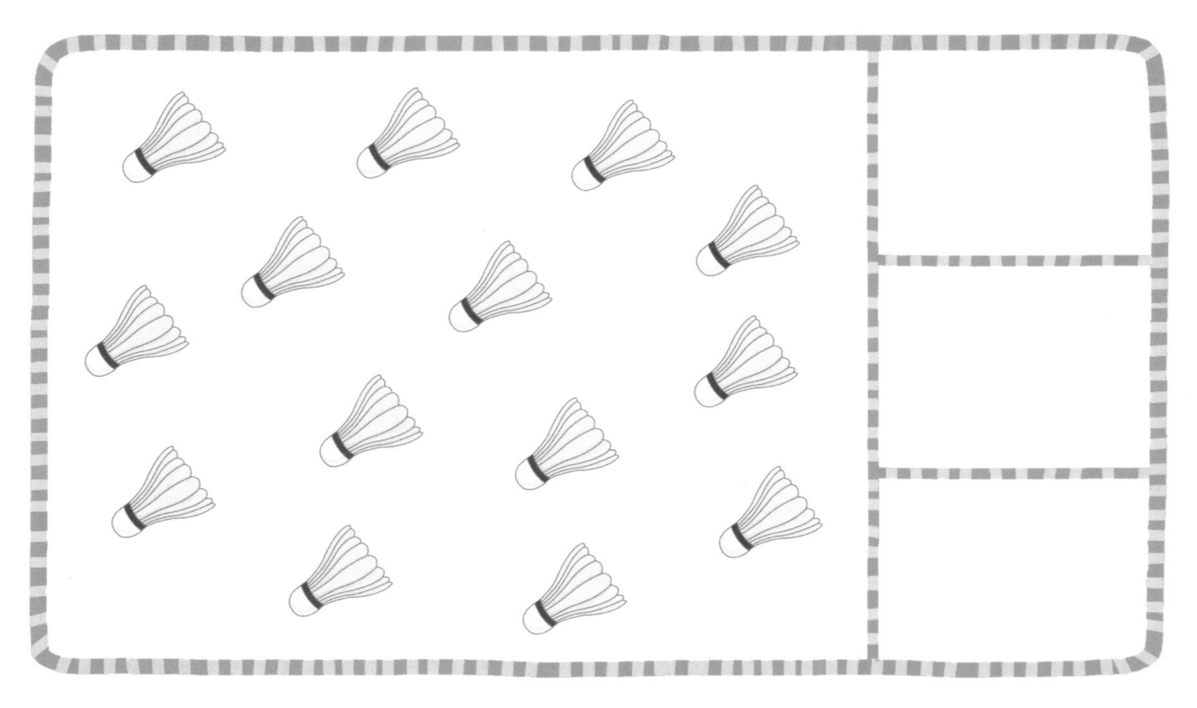

이름 :

날짜 :

확인

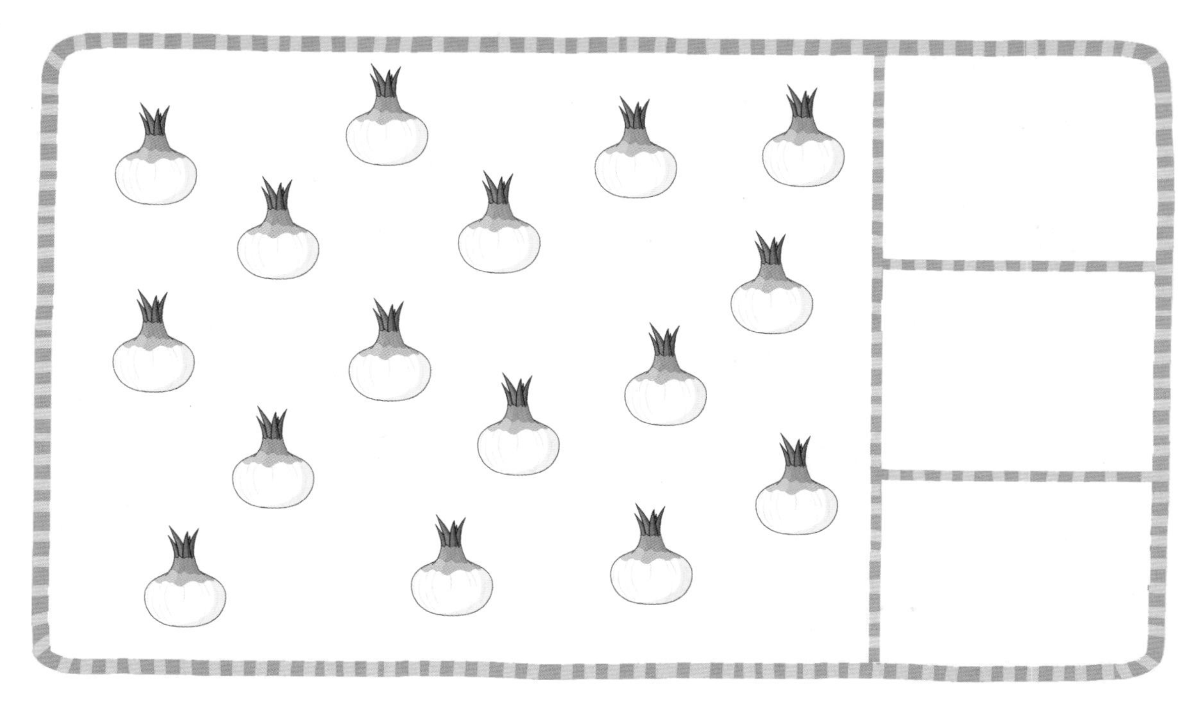

기탄사고력수학
D13b
2/3

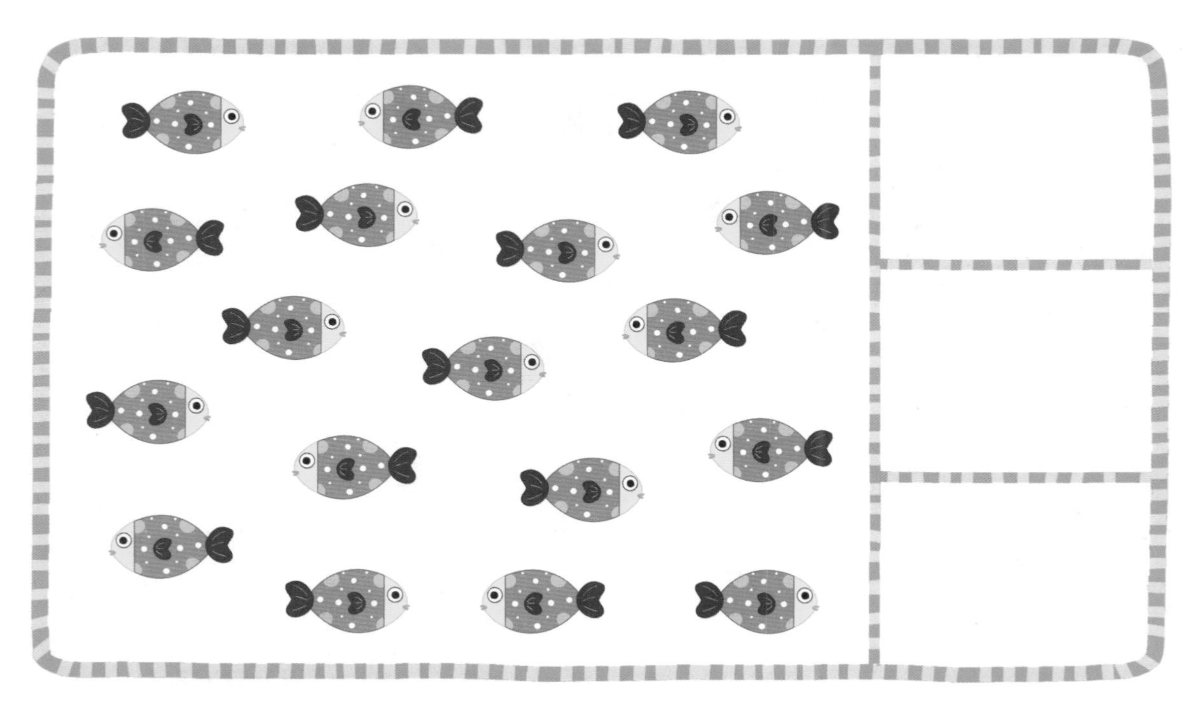

이름 :

날짜 :

확인

숫자를 읽어서 써 보고 바르게 따라 써 보세요.

11	열하나, 십일	11	11	11
12		12	12	12
13		13	13	13
14		14	14	14
15		15	15	15
16		16	16	16
17		17	17	17
18		18	18	18
19		19	19	19
20		20	20	20

이름 :

날짜 :

확인

수의 순서에 맞게 빈칸에 알맞은 수를 써 보세요.

11	12		14		16		18		

	12		14			17		19	

		13		15			18		

			14		16			19	20

		13				17			20

수의 순서대로 선을 이어 보세요.

D1

D16a ~ D30b

학습 내용

30까지의 수	• 30까지의 수 알아보기 • 자릿값을 이용하여 수 나타내기

이번 주는?

- 학습 방법 : ① 매일매일 ② 가끔 ③ 한꺼번에 하였습니다.
- 학습 태도 : ① 스스로 잘 ② 시켜서 억지로 하였습니다.
- 학습 흥미 : ① 재미있게 ② 싫증 내며 하였습니다.
- 교재 내용 : ① 적합하다고 ② 어렵다고 ③ 쉽다고 하였습니다.

지도 교사가 부모님께

부모님이 지도 교사께

평가 Ⓐ 아주 잘함 Ⓑ 잘함 Ⓒ 보통 Ⓓ 부족함

원(교) 반 이름 전화

기초부터 탄탄하게 기탄교육

이렇게 도와주세요!

30까지의 수

30까지의 수를 알아보는 이번 활동을 통해서 아이가 30 다음 수는 31, 32, 33, ……이 되겠구나 하는 것을 알게 될 것입니다. 수의 구성을 이해하여 거기서 발견할 수 있는 규칙성까지 알게 되는 것이지요.
수 세기 학습을 할 때 10개씩 묶어서 세어 보는 활동은 수 감각을 발달시켜 줄 뿐만 아니라 아이가 세다가 잊어버렸을 때 다시 세는 것을 쉽게 해 주고 무엇보다 자릿값 이해의 기초가 되므로 매우 중요합니다.

지도 목표

이번 활동을 통해 알게 된 수 규칙성에 대하여 아이가 이야기해 보게 합니다. 앞에서 알게 된 묶음 수와 낱개 수를 발전시켜 수에도 자리가 있음을 알게 하고 십의 자리, 일의 자리를 구분하여 알게 합니다.

지도 요점

21에서 30까지의 수를 읽고 쓰며 그 크기를 이해하도록 합니다. 수의 규칙성을 이해하여 스스로 수를 구성해 볼 수 있게 합니다.

이름 :

날짜 :

확인

[30까지의 수 알아보기]

오징어를 열 마리씩 묶어 보고 물음에 답해 보세요.

열 마리씩 묶음이 몇 개인가요? □ 개

나머지는 몇 마리인가요? □ 마리

모두 몇 마리인가요? □ 마리

양을 열 마리씩 묶어 보고 물음에 답해 보세요.

열 마리씩 묶음이 몇 개인가요? [ ] 개

나머지는 몇 마리인가요? [ ] 마리

모두 몇 마리인가요? [ ] 마리

이름 :

날짜 :

확인

아기 오리를 열 마리씩 묶어 보고 물음에 답해 보세요.

열 마리씩 묶음이 몇 개인가요? 개

나머지는 몇 마리인가요? 마리

모두 몇 마리인가요? 마리

물고기를 열 마리씩 묶어 보고 물음에 답해 보세요.

열 마리씩 묶음이 몇 개인가요? [ ] 개

나머지는 몇 마리인가요? [ ] 마리

모두 몇 마리인가요? [ ] 마리

이름 :

날짜 :

확인

를 열 개씩 묶어 보고 물음에 답해 보세요.

열 개씩 묶음이 몇 개인가요? [ ] 개

나머지는 몇 개인가요? [ ] 개

모두 몇 개인가요? [ ] 개

딸기 그림을 열 개씩 묶어 보고 물음에 답해 보세요.

열 개씩 묶음이 몇 개인가요? [ ] 개

나머지는 몇 개인가요? [ ] 개

모두 몇 개인가요? [ ] 개

이름 :
날짜 :
확인

치즈를 열 개씩 묶어 보고 물음에 답해 보세요.

열 개씩 묶음이 몇 개인가요? [ ] 개

나머지는 몇 개인가요? [ ] 개

모두 몇 개인가요? [ ] 개

를 열 개씩 묶어 보고 물음에 답해 보세요.

열 개씩 묶음이 몇 개인가요? ☐ 개

나머지는 몇 개인가요? ☐ 개

모두 몇 개인가요? ☐ 개

이름 :

날짜 :

확인

사과를 열 개씩 묶어 보고 물음에 답해 보세요.

열 개씩 묶음이 몇 개인가요? [ ] 개

나머지는 몇 개인가요? [ ] 개

모두 몇 개인가요? [ ] 개

당근을 열 개씩 묶어 보고 물음에 답해 보세요.

열 개씩 묶음이 몇 개인가요? □ 개

나머지는 몇 개인가요? □ 개

모두 몇 개인가요? □ 개

이름 :

날짜 :

확인

숫자를 읽어서 써 보고 바르게 따라 써 보세요.

21	스물하나, 이십일	21	21	21
22		22	22	22
23		23	23	23
24		24	24	24
25		25	25	25
26		26	26	26
27		27	27	27
28		28	28	28
29		29	29	29
30		30	30	30

수의 순서를 생각하며 빈칸에 알맞은 수를 써 보세요.

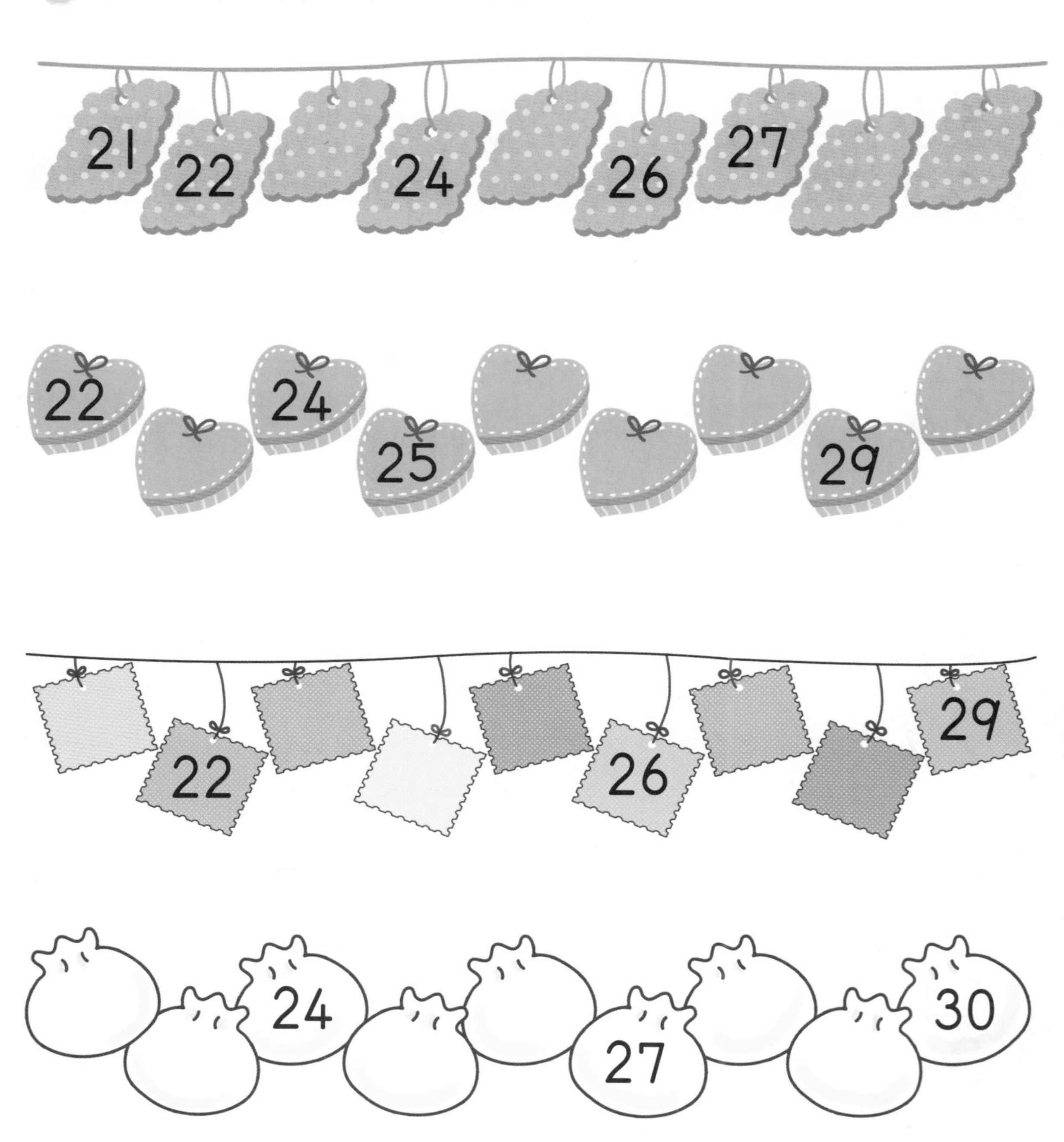

이름 :

날짜 :

확인

수의 순서를 생각하며 빈칸에 알맞은 수를 써 보세요.

수의 순서대로 선을 이어 보세요.

이름 :

날짜 :

확인

I 큰 수를 빈칸에 써 보세요.

25 → 26

21 → ☐

24 → ☐

29 → ☐

20 → ☐

28 → ☐

23 → ☐

22 → ☐

1 작은 수를 빈칸에 써 보세요.

23 →	22	22 →	
30 →		25 →	
28 →		24 →	
26 →		27 →	

이름 :

날짜 :

확인

수의 순서를 생각하며 빈칸에 알맞은 수를 써 보세요.

21 - 22 - 23

22 - [ ] - 24

25 - [ ] - 27

27 - [ ] - 29

[ ] - 28 - 29

28 - 29 - [ ]

수의 순서를 생각하며 빈칸에 알맞은 수를 써 보세요.

20		22	27	28	
	29	30		26	27
28		30	26		28

이름 :

날짜 :

확인

두 수 중 더 큰 수에 ◯표 해 보세요.

25 17

16 18

24 30

27 19

27 23

20 28

19 21

30 29

두 수 중 더 작은 수에 ◯표 해 보세요.

17	9	20	30
23	19	26	22
18	27	25	29
14	21	24	28

이름 :

날짜 :

확인

[자릿값을 이용하여 수 나타내기]

타일을 열 개씩 묶어서 세어 보고 빈칸에 알맞은 수를 써 보세요.

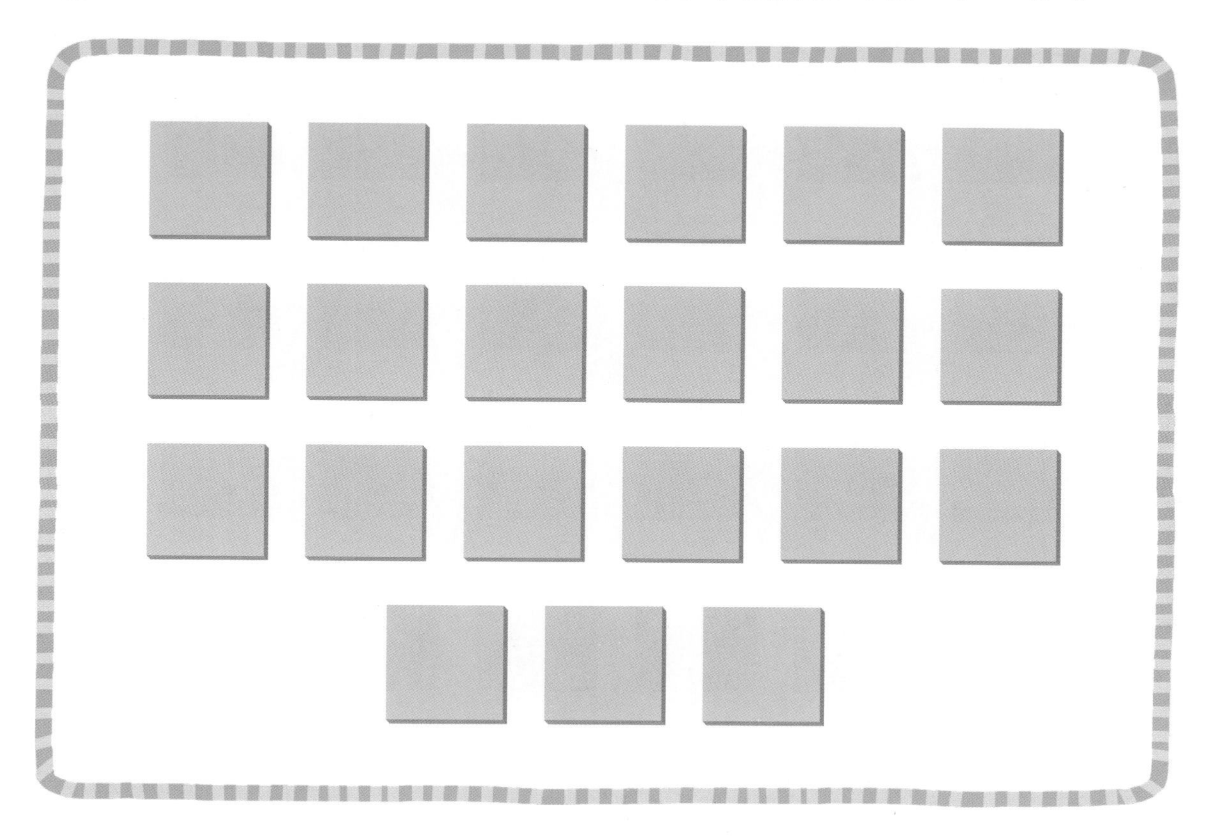

묶음 수	낱개 수
십의 자리	일의 자리

타일을 열 개씩 묶어서 세어 보고 빈칸에 알맞은 수를 써 보세요.

묶음 수	낱개 수
십의 자리	일의 자리

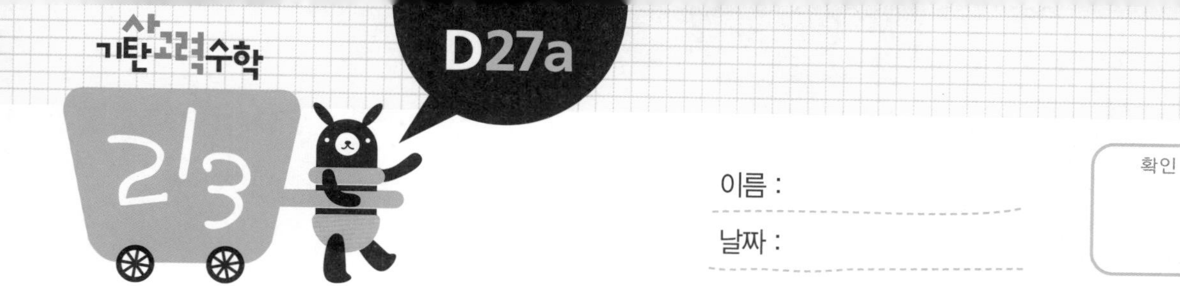

이름 :

날짜 :

확인

타일을 열 개씩 묶어서 세어 보고 빈칸에 알맞은 수를 써 보세요.

묶음 수	낱개 수
십의 자리	일의 자리

타일을 열 개씩 묶어서 세어 보고 빈칸에 알맞은 수를 써 보세요.

묶음 수	낱개 수
십의 자리	일의 자리

이름 :

날짜 :

확인

타일을 열 개씩 묶어서 세어 보고 빈칸에 알맞은 수를 써 보세요.

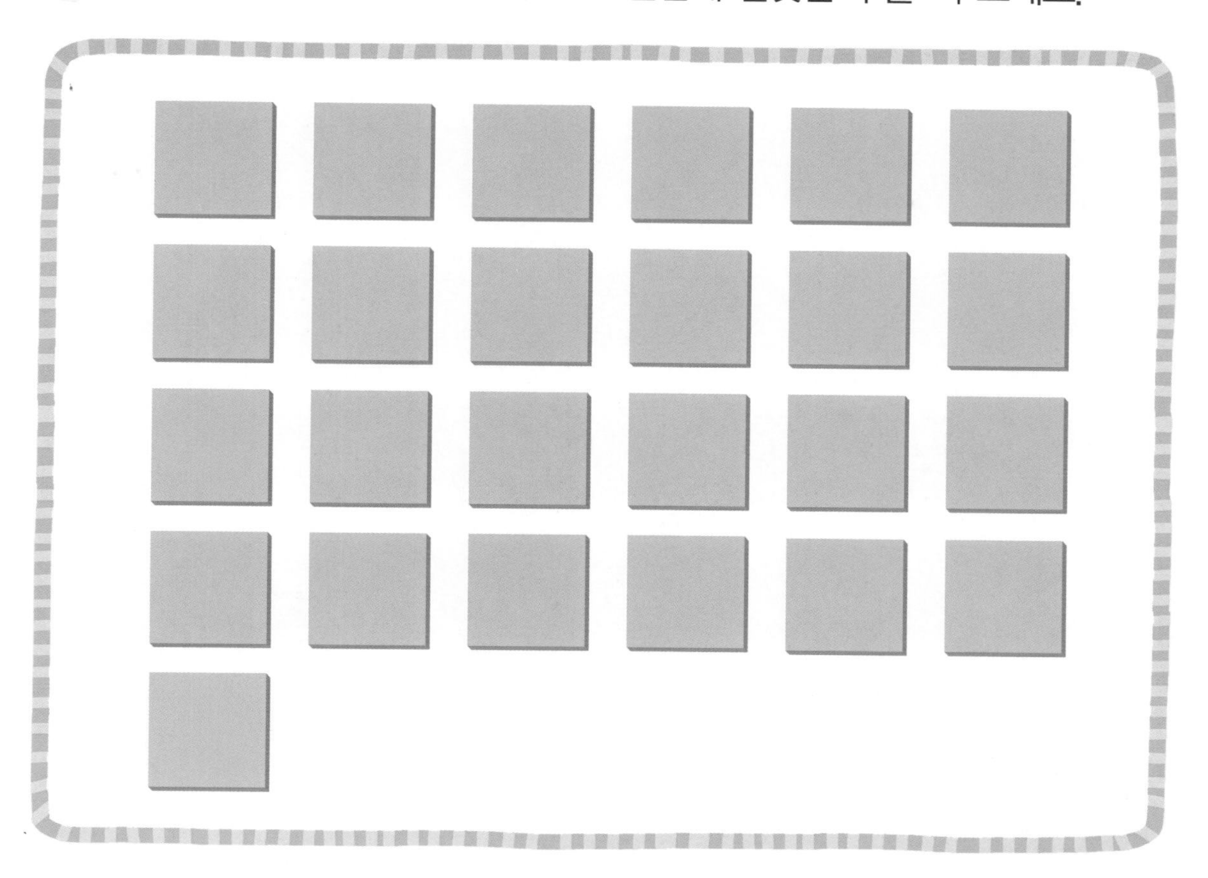

묶음 수	낱개 수
십의 자리	일의 자리

타일을 열 개씩 묶어서 세어 보고 빈칸에 알맞은 수를 써 보세요.

묶음 수	낱개 수
십의 자리	일의 자리

이름 :

날짜 :

확인

타일을 열 개씩 묶어서 세어 보고 빈칸에 알맞은 수를 써 보세요.

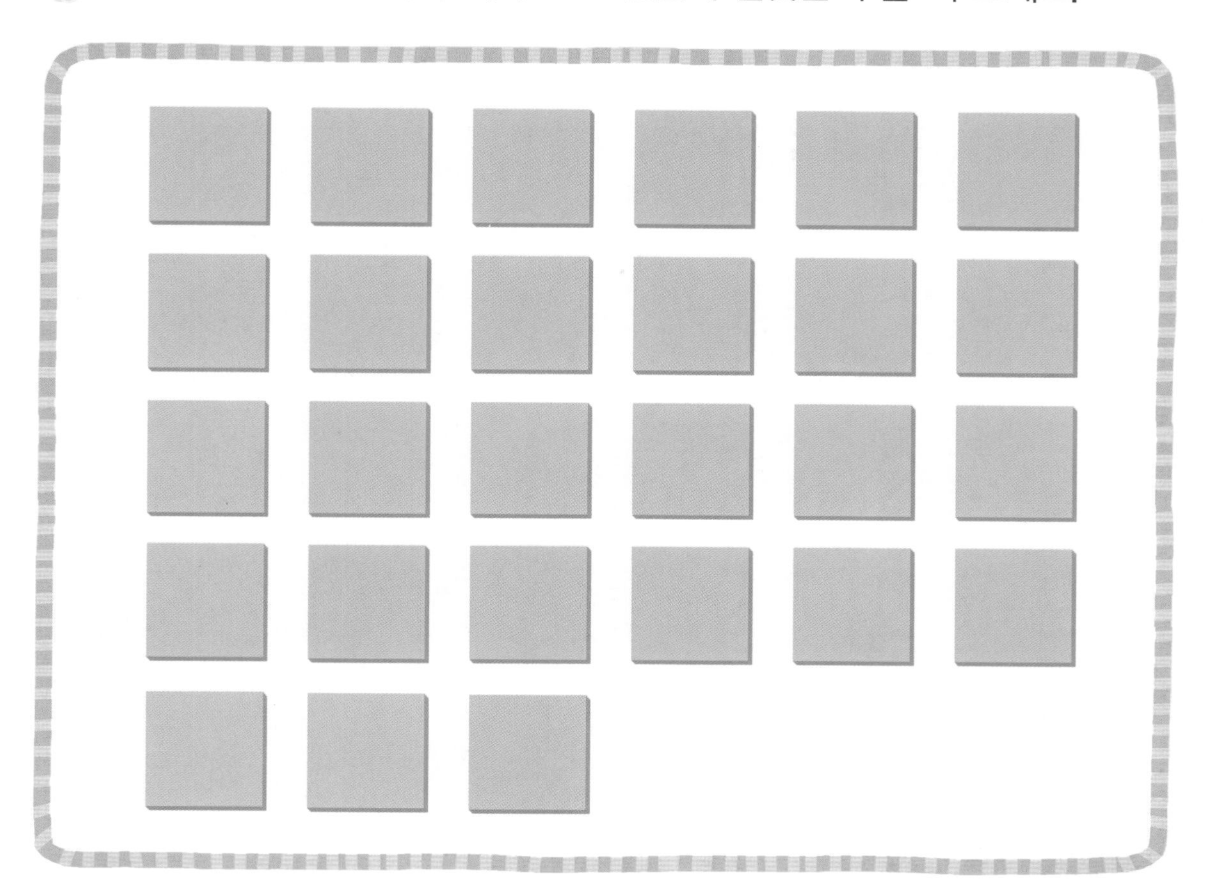

묶음 수	낱개 수
십의 자리	일의 자리

타일을 열 개씩 묶어서 세어 보고 빈칸에 알맞은 수를 써 보세요.

묶음 수	낱개 수
십의 자리	일의 자리

이름 :

날짜 :

확인

타일을 열 개씩 묶어서 세어 보고 빈칸에 알맞은 수를 써 보세요.

묶음 수	낱개 수
십의 자리	일의 자리

달걀의 수를 각각 세어 ◯ 안에 써넣고 아래 빈칸에 알맞은 수를 써 보세요.

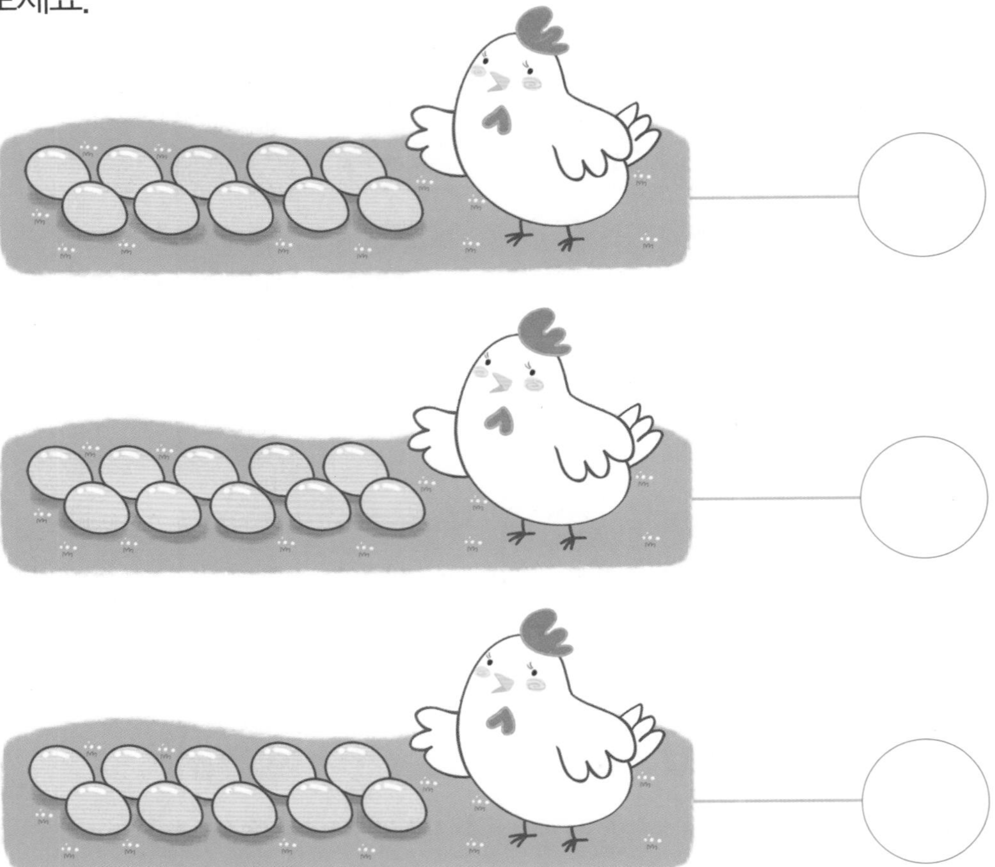

십의 자리	일의 자리

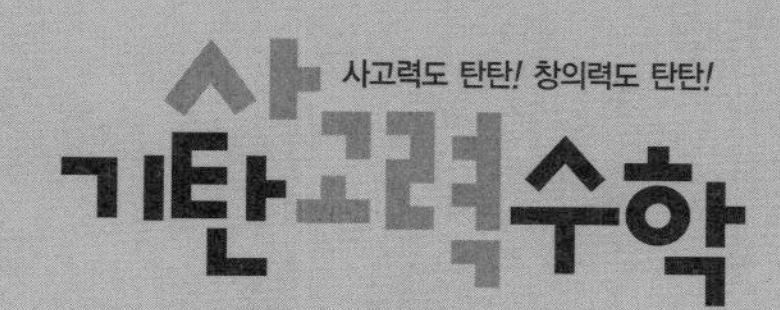

D1

D31a ~ D45b

학습 내용

40까지의 수	• 40까지의 수 알아보기 • 자릿값을 이용하여 수 나타내기

이번 주는?

• 학습 방법 : ① 매일매일 ② 가끔 ③ 한꺼번에
하였습니다.

• 학습 태도 : ① 스스로 잘 ② 시켜서 억지로
하였습니다.

• 학습 흥미 : ① 재미있게 ② 싫증 내며
하였습니다.

• 교재 내용 : ① 적합하다고 ② 어렵다고 ③ 쉽다고
하였습니다.

지도 교사가 부모님께

부모님이 지도 교사께

평가 Ⓐ 아주 잘함 Ⓑ 잘함 Ⓒ 보통 Ⓓ 부족함

원(교) 반 이름 전화

기초부터 탄탄하게
G 기탄교육

이렇게 도와주세요!

40까지의 수

40까지의 수를 알아보는 이번 활동을 통해서 아이는 자릿값 개념을 충분히 이해하게 됩니다.
지금까지의 활동으로 수는 열 개가 되면 하나의 묶음으로 만들어 줄 수 있고, 이 묶음은 더 큰 단위의 수 하나와 바꿀 수 있으며, 바꾼 수는 바꾸기 전 수의 왼쪽에 놓이게 된다는 것을 자연스럽게 알게 될 것입니다.

지도 목표

수에도 자리가 있음을 알고 십의 자리와 일의 자리를 구분할 수 있습니다.

지도 요점

31에서 40까지의 수를 읽고 쓰며 그 크기를 이해하도록 합니다. 수의 규칙성을 이해하여 스스로 수를 구성해 볼 수 있게 합니다.

이름 :

날짜 :

확인

[40까지의 수 알아보기]

비눗방울을 열 개씩 묶어 보고 물음에 답해 보세요.

열 개씩 묶음이 몇 개인가요? ☐ 개

나머지는 몇 개인가요? ☐ 개

모두 몇 개인가요? ☐ 개

수박씨를 열 개씩 묶어 보고 물음에 답해 보세요.

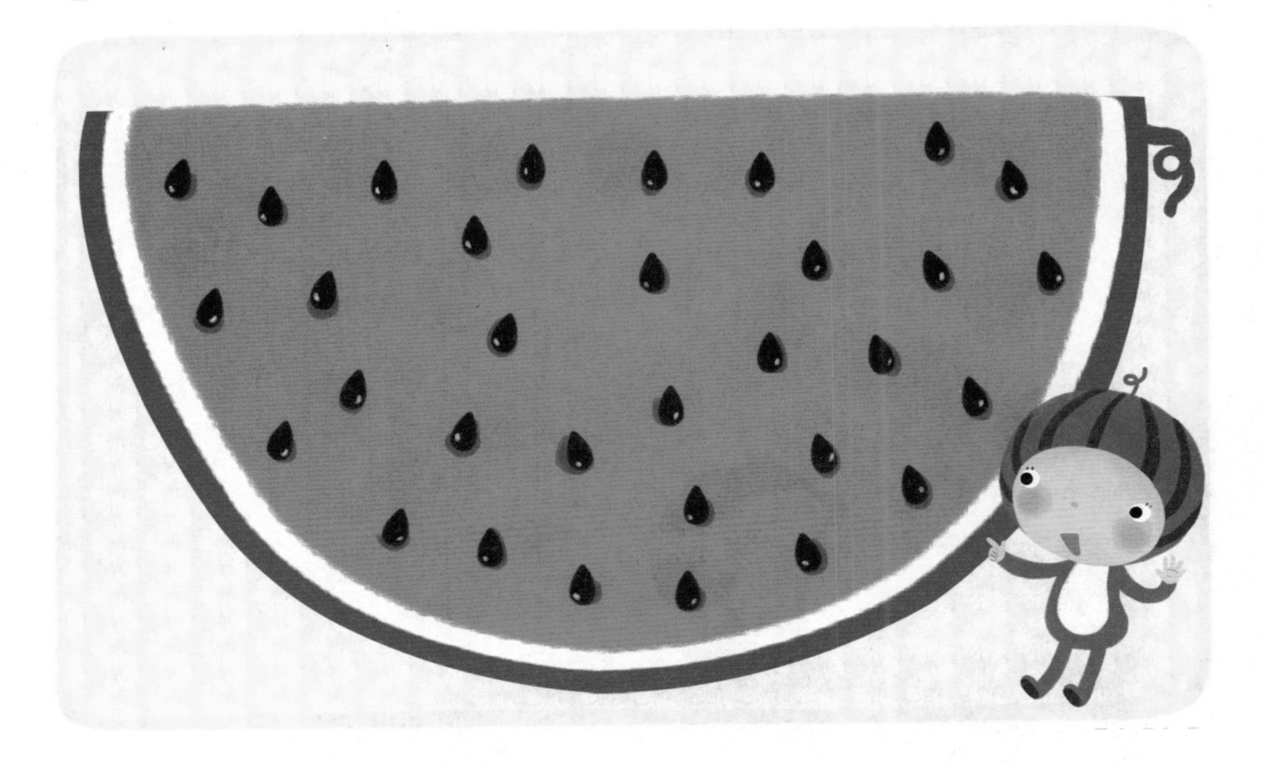

열 개씩 묶음이 몇 개인가요? [ ] 개

나머지는 몇 개인가요? [ ] 개

모두 몇 개인가요? [ ] 개

이름 :

날짜 :

확인

배추를 열 포기씩 묶어 보고 물음에 답해 보세요.

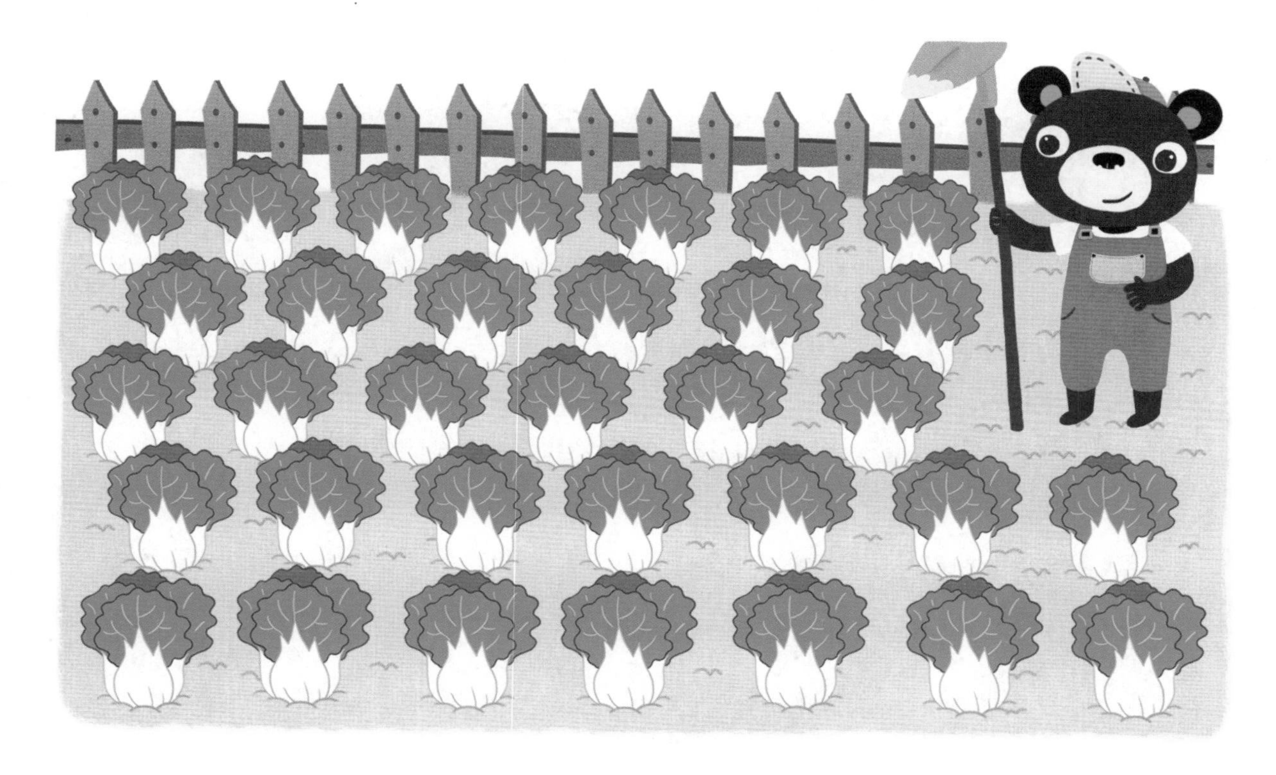

열 포기씩 묶음이 몇 개인가요? ☐ 개

나머지는 몇 포기인가요? ☐ 포기

모두 몇 포기인가요? ☐ 포기

꿀단지를 열 통씩 묶어 보고 물음에 답해 보세요.

열 통씩 묶음이 몇 개인가요? ☐ 개

나머지는 몇 통인가요? ☐ 통

모두 몇 통인가요? ☐ 통

이름 :

날짜 :

확인

도토리를 열 개씩 묶어 보고 물음에 답해 보세요.

열 개씩 묶음이 몇 개인가요? [ ] 개

나머지는 몇 개인가요? [ ] 개

모두 몇 개인가요? [ ] 개

야구공을 열 개씩 묶어 보고 물음에 답해 보세요.

열 개씩 묶음이 몇 개인가요? [ ] 개

나머지는 몇 개인가요? [ ] 개

모두 몇 개인가요? [ ] 개

이름 :

날짜 :

확인

빗방울을 열 개씩 묶어 보고 물음에 답해 보세요.

열 개씩 묶음이 몇 개인가요? [　　] 개

나머지는 몇 개인가요? [　　] 개

모두 몇 개인가요? [　　] 개

소시지를 열 개씩 묶어 보고 물음에 답해 보세요.

열 개씩 묶음이 몇 개인가요? [ ] 개

나머지는 몇 개인가요? [ ] 개

모두 몇 개인가요? [ ] 개

이름 :

날짜 :

확인

우유병을 열 개씩 묶어 보고 물음에 답해 보세요.

열 개씩 묶음이 몇 개인가요? ☐ 개

나머지는 몇 개인가요? ☐ 개

모두 몇 개인가요? ☐ 개

달걀을 열 개씩 묶어 보고 물음에 답해 보세요.

열 개씩 묶음이 몇 개인가요? ☐ 개

나머지는 몇 개인가요? ☐ 개

모두 몇 개인가요? ☐ 개

이름 :

날짜 :

확인

숫자를 읽어서 써 보고 바르게 따라 써 보세요.

31	서른하나, 삼십일	31	31	31
32		32	32	32
33		33	33	33
34		34	34	34
35		35	35	35
36		36	36	36
37		37	37	37
38		38	38	38
39		39	39	39
40		40	40	40

수의 순서를 생각하며 빈칸에 알맞은 수를 써 보세요

이름 :

날짜 :

확인

수의 순서를 생각하며 빈칸에 알맞은 수를 써 보세요.

수의 순서대로 선을 이어 보세요.

이름 :

날짜 :

확인

1 큰 수를 빈칸에 써 보세요.

35 → 36

31 →

32 →

30 →

34 →

36 →

38 →

39 →

1 작은 수를 빈칸에 써 보세요.

35 → 34

40 →

38 →

37 →

31 →

33 →

36 →

39 →

이름 :

날짜 :

확인

수의 순서를 생각하며 빈칸에 알맞은 수를 써 보세요.

31 - 32 - 33　　33 - 34 - ☐

☐ - 37 - 38　　33 - ☐ - 35

☐ - 39 - 40　　35 - 36 - ☐

37 - ☐ - 39　　34 - ☐ - 36

수의 순서를 생각하며 빈칸에 알맞은 수를 써 보세요.

이름 :

날짜 :

확인

두 수 중 더 큰 수에 ◯표 해 보세요.

33	34
39	40
31	29
28	17
35	38
37	36
34	30
36	29

두 수 중 더 작은 수에 ◯표 해 보세요.

18	31	34	36
29	30	37	33
38	34	35	37
29	32	34	39

이름 :

날짜 :

확인

[자릿값을 이용하여 수 나타내기]

열 개씩 묶어서 세어 보고 빈칸에 알맞은 수를 써 보세요.

묶음 수	낱개 수
십의 자리	일의 자리

열 개씩 묶어서 세어 보고 빈칸에 알맞은 수를 써 보세요.

묶음 수	낱개 수
십의 자리	일의 자리

이름 :

날짜 :

확인

열 개씩 묶어서 세어 보고 빈칸에 알맞은 수를 써 보세요.

묶음 수	낱개 수
십의 자리	일의 자리

열 개씩 묶어서 세어 보고 빈칸에 알맞은 수를 써 보세요.

묶음 수	낱개 수
십의 자리	일의 자리

이름 :

날짜 :

확인

열 개씩 묶어서 세어 보고 빈칸에 알맞은 수를 써 보세요.

묶음 수	낱개 수
십의 자리	일의 자리

열 개씩 묶어서 세어 보고 빈칸에 알맞은 수를 써 보세요.

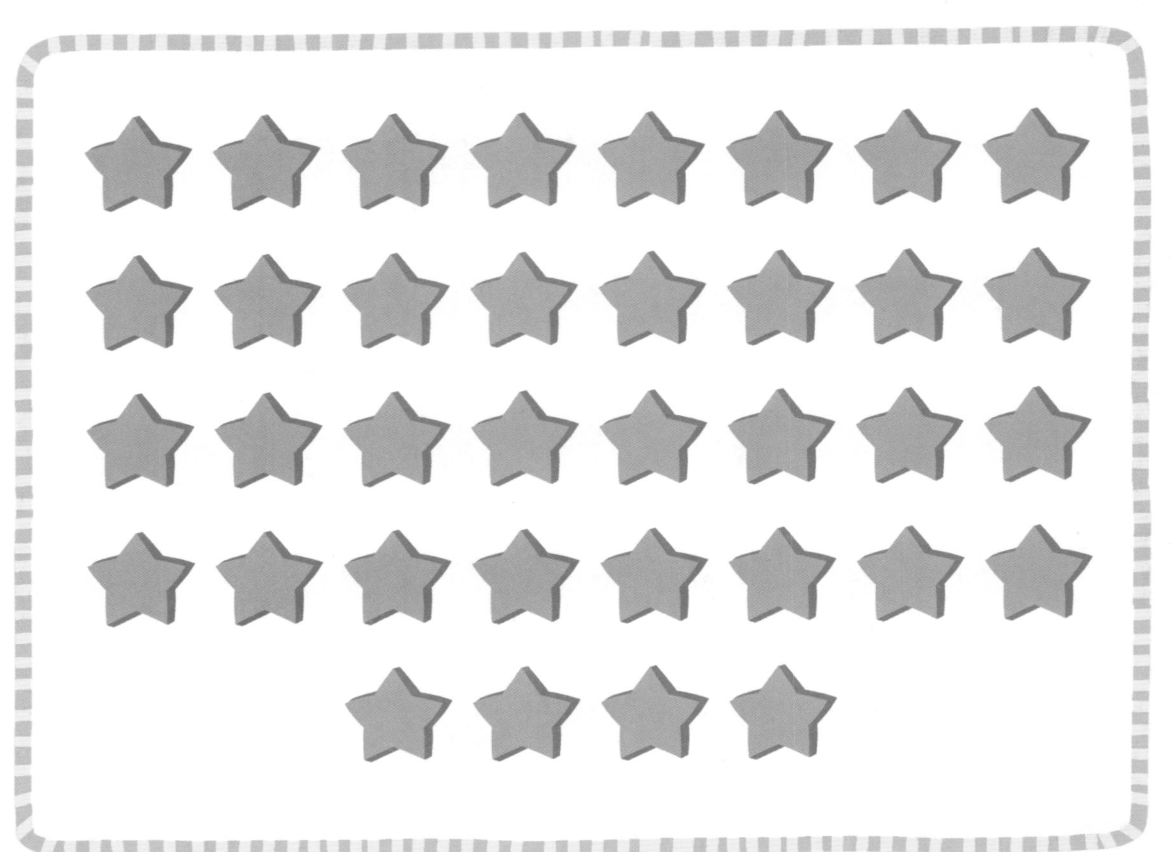

묶음 수	낱개 수
십의 자리	일의 자리

이름 :

날짜 :

확인

열 개씩 묶어서 세어 보고 빈칸에 알맞은 수를 써 보세요.

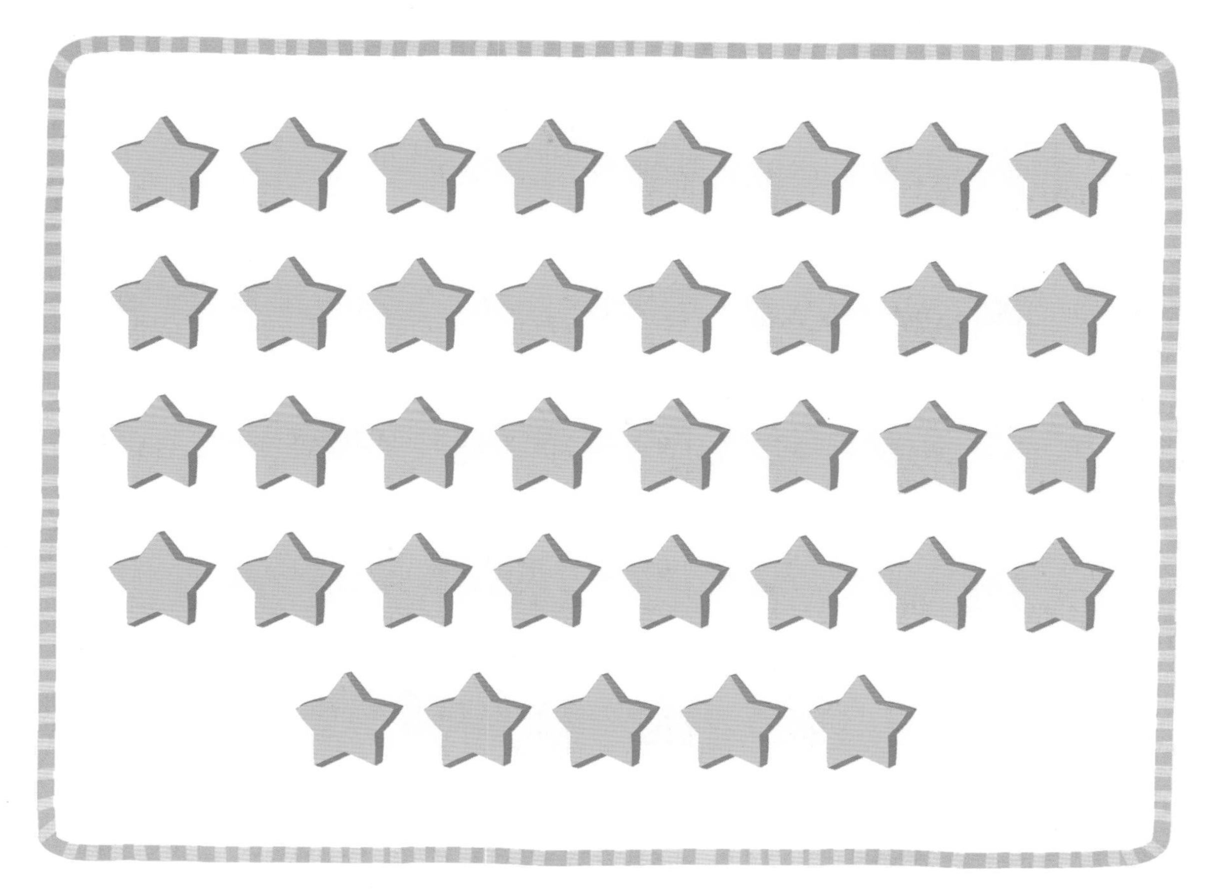

묶음 수	낱개 수
십의 자리	일의 자리

열 개씩 묶어서 세어 보고 빈칸에 알맞은 수를 써 보세요.

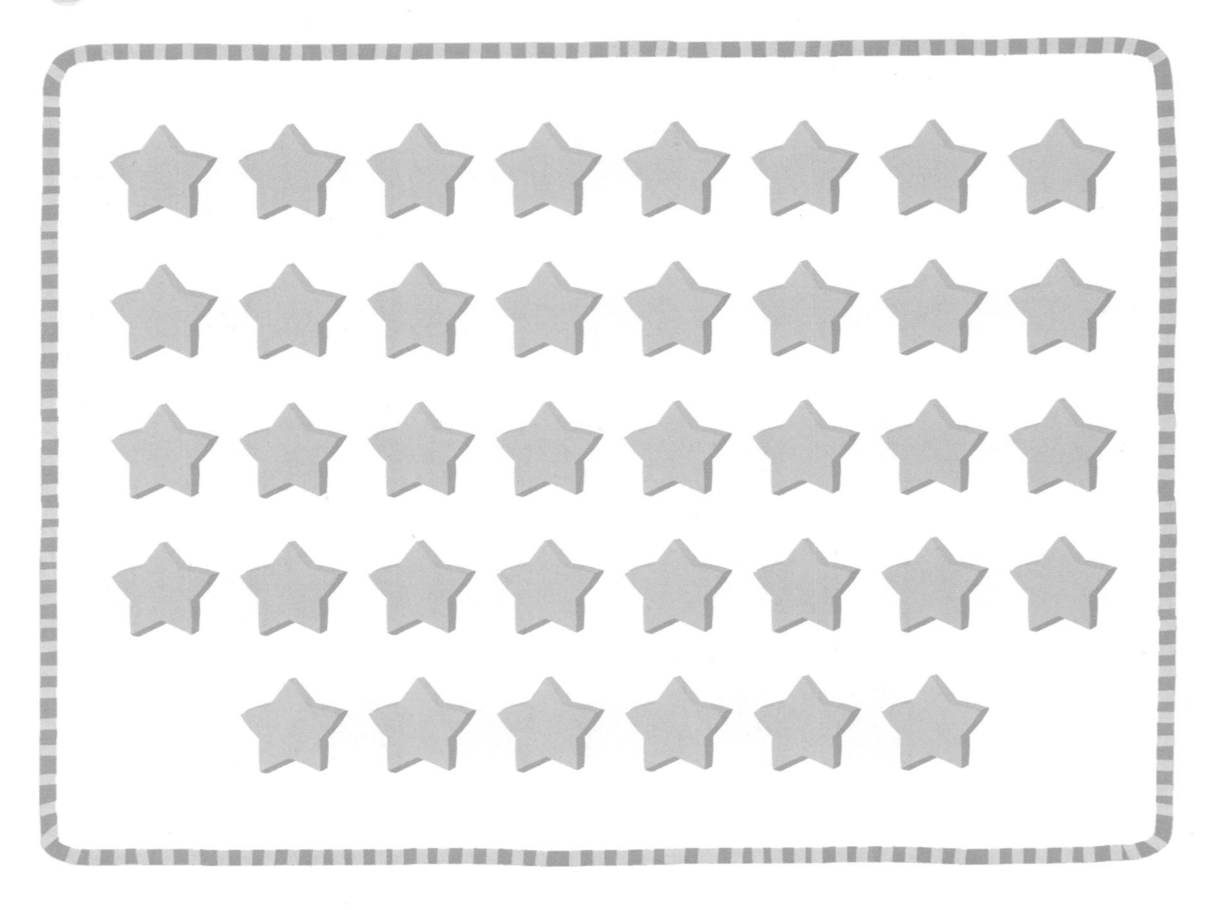

묶음 수	낱개 수
십의 자리	일의 자리

이름 :

날짜 :

확인

열 개씩 묶어서 세어 보고 빈칸에 알맞은 수를 써 보세요.

묶음 수	낱개 수
십의 자리	일의 자리

열 개씩 묶어서 세어 보고 빈칸에 알맞은 수를 써 보세요.

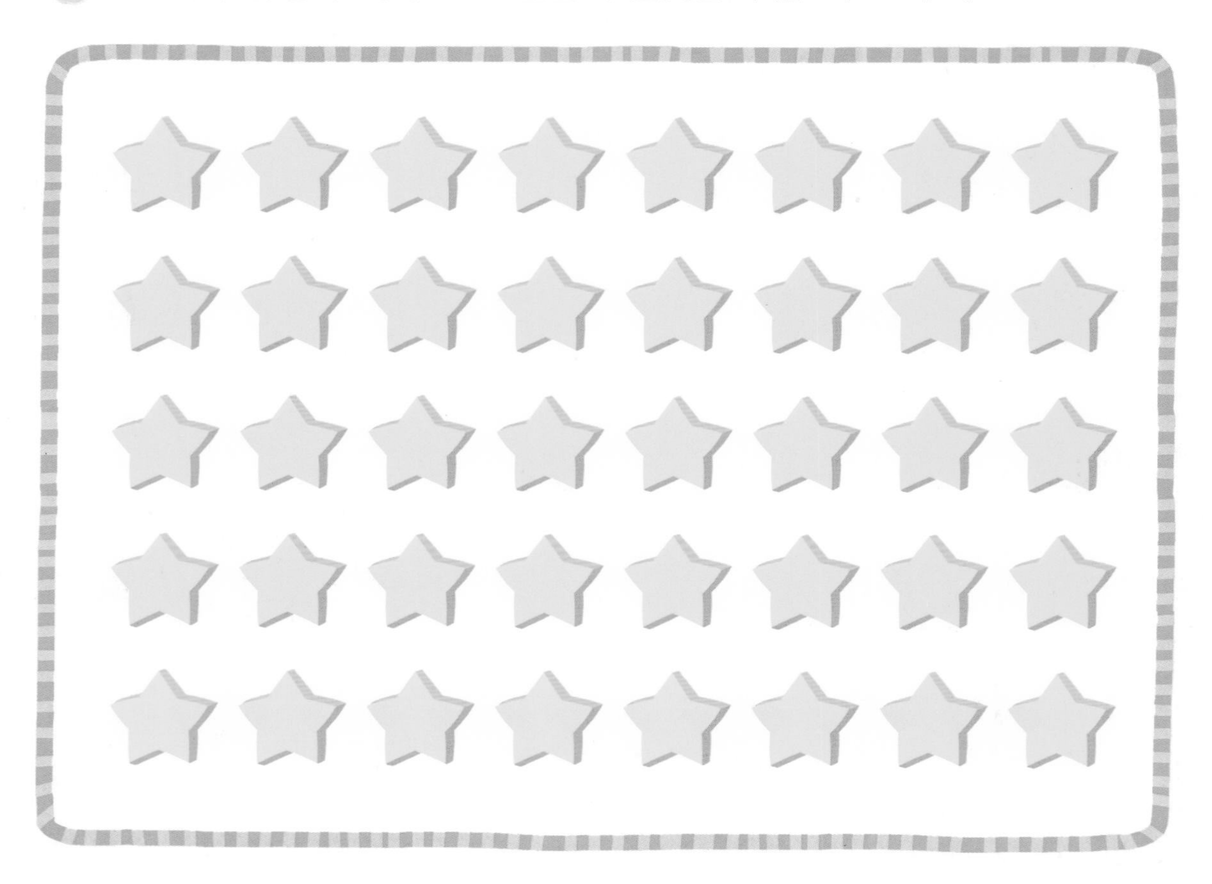

묶음 수	낱개 수
십의 자리	일의 자리

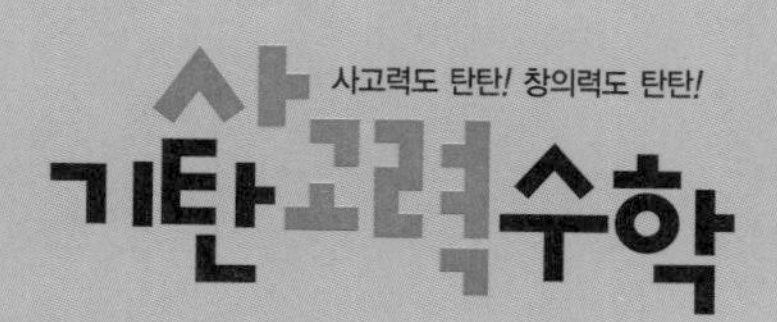

D1

D46a ~ D60b

학습 내용

50까지의 수	• 자릿값을 이용하여 수 나타내기 • 50까지의 수 알아보기

이번 주는?

• 학습 방법 : ① 매일매일 ② 가끔 ③ 한꺼번에
하였습니다.

• 학습 태도 : ① 스스로 잘 ② 시켜서 억지로
하였습니다.

• 학습 흥미 : ① 재미있게 ② 싫증 내며
하였습니다.

• 교재 내용 : ① 적합하다고 ② 어렵다고 ③ 쉽다고
하였습니다.

지도 교사가 부모님께

부모님이 지도 교사께

평가 Ⓐ 아주 잘함 Ⓑ 잘함 Ⓒ 보통 Ⓓ 부족함

원(교) 반 이름 전화

기초부터 탄탄하게 기탄교육

이렇게 도와주세요!

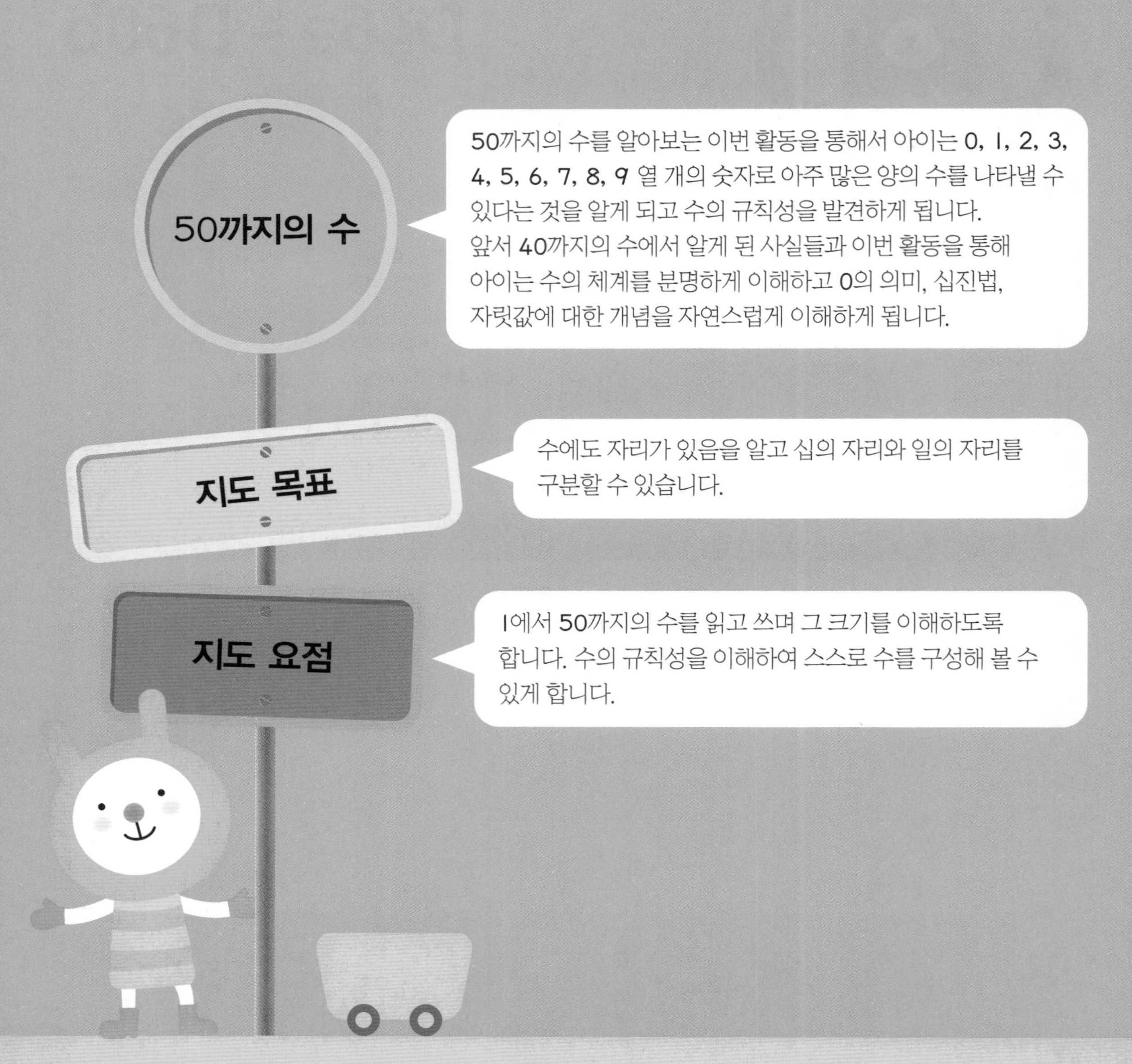

50까지의 수를 알아보는 이번 활동을 통해서 아이는 0, 1, 2, 3, 4, 5, 6, 7, 8, 9 열 개의 숫자로 아주 많은 양의 수를 나타낼 수 있다는 것을 알게 되고 수의 규칙성을 발견하게 됩니다.
앞서 40까지의 수에서 알게 된 사실들과 이번 활동을 통해 아이는 수의 체계를 분명하게 이해하고 0의 의미, 십진법, 자릿값에 대한 개념을 자연스럽게 이해하게 됩니다.

수에도 자리가 있음을 알고 십의 자리와 일의 자리를 구분할 수 있습니다.

1에서 50까지의 수를 읽고 쓰며 그 크기를 이해하도록 합니다. 수의 규칙성을 이해하여 스스로 수를 구성해 볼 수 있게 합니다.

이름 :

날짜 :

확인

[자릿값을 이용하여 수 나타내기]

열 개씩 묶어서 세어 보고 빈칸에 알맞은 수를 써 보세요.

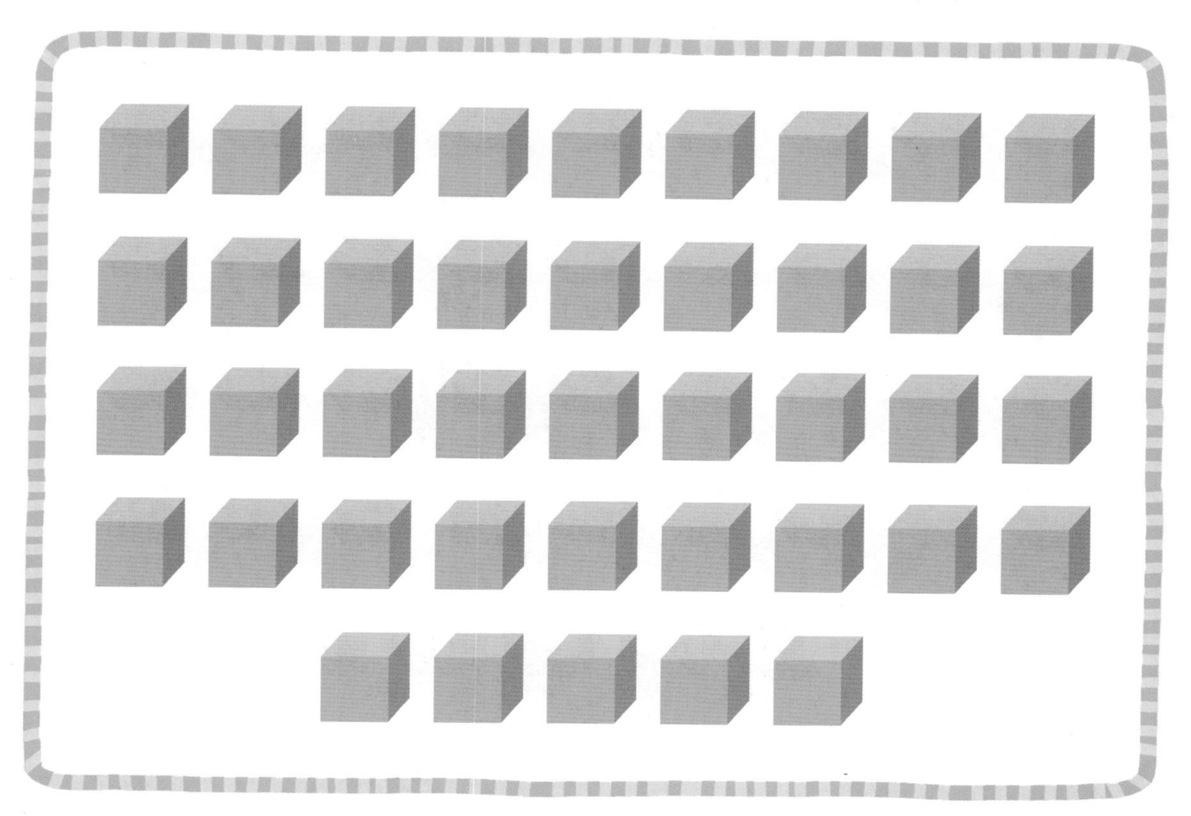

묶음 수	낱개 수
십의 자리	일의 자리

열 개씩 묶어서 세어 보고 빈칸에 알맞은 수를 써 보세요.

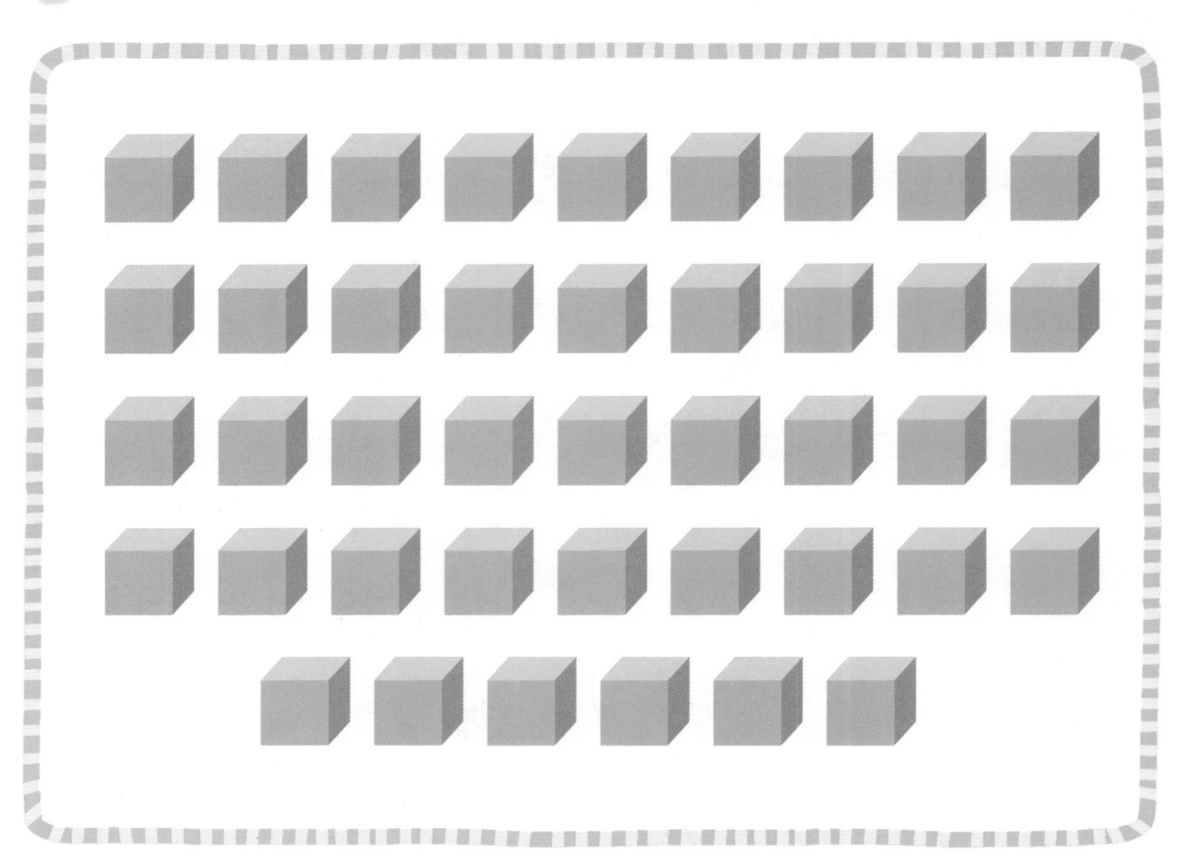

묶음 수	낱개 수
십의 자리	일의 자리

이름 :

날짜 :

확인

열 개씩 묶어서 세어 보고 빈칸에 알맞은 수를 써 보세요.

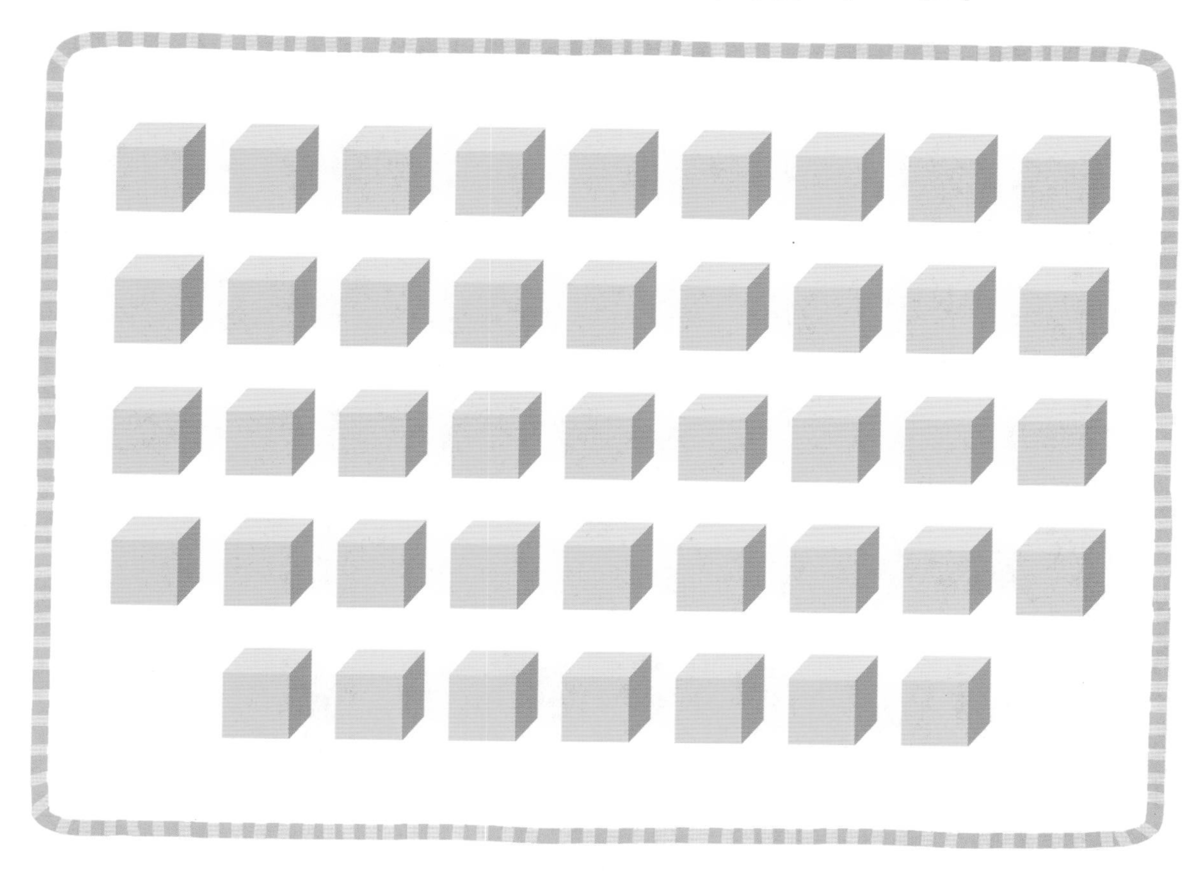

묶음 수	낱개 수
십의 자리	일의 자리

열 개씩 묶어서 세어 보고 빈칸에 알맞은 수를 써 보세요.

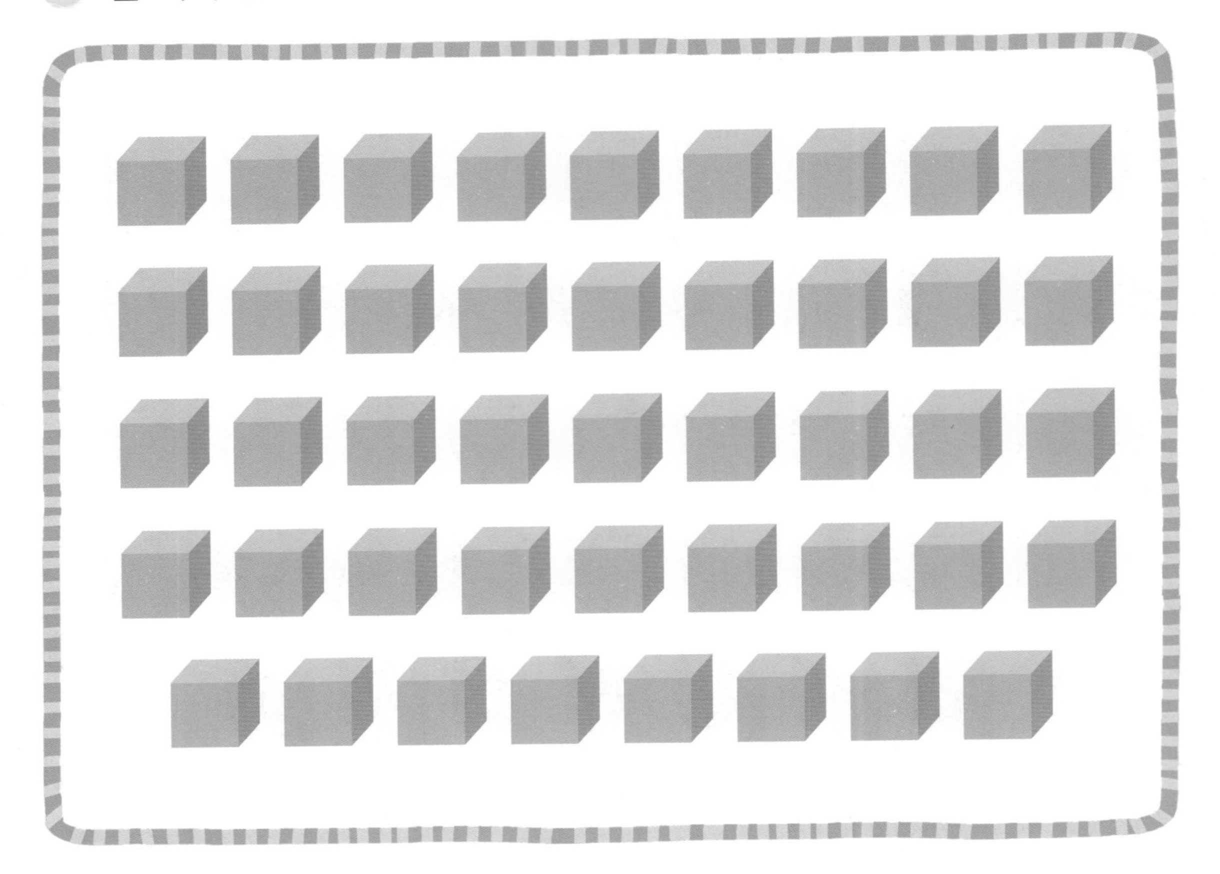

묶음 수	낱개 수
십의 자리	일의 자리

이름 :

날짜 :

확인

열 개씩 묶어서 세어 보고 빈칸에 알맞은 수를 써 보세요.

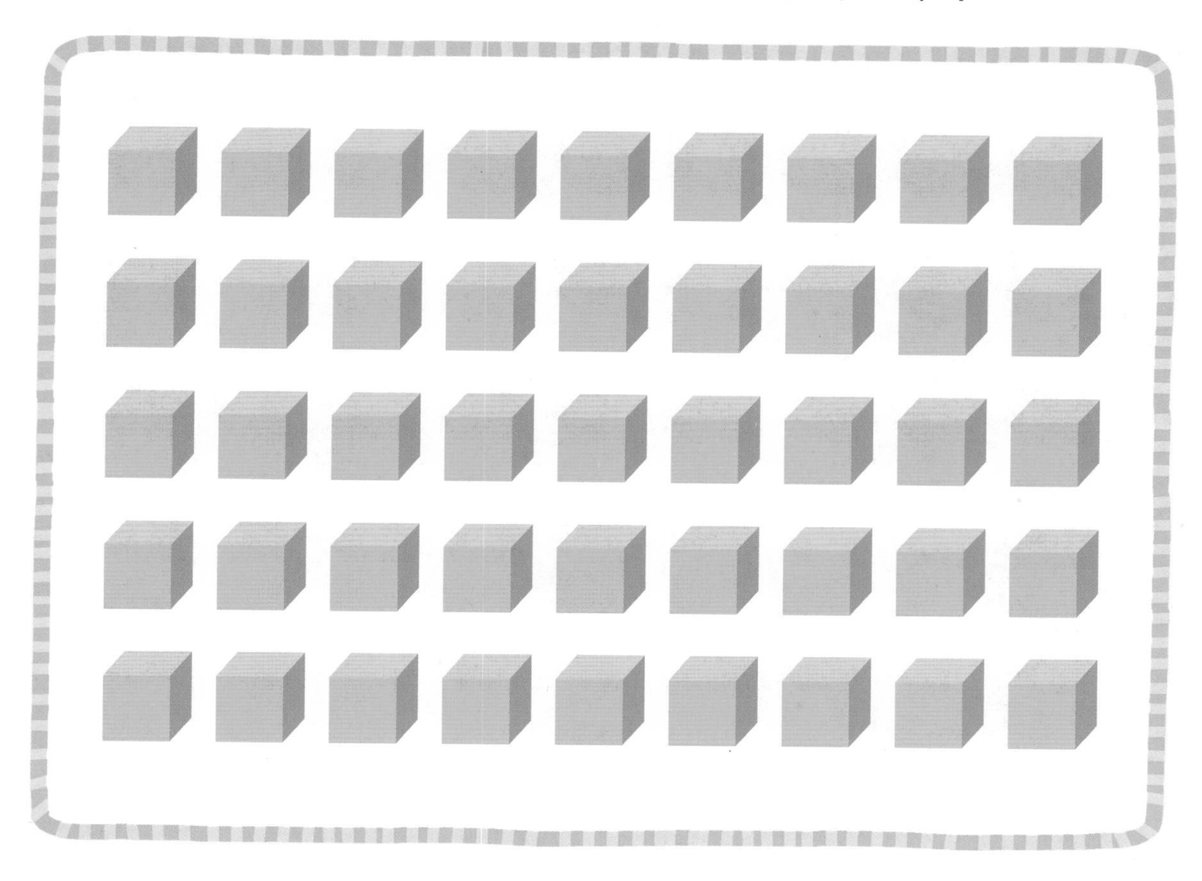

묶음 수	낱개 수
십의 자리	일의 자리

열 개씩 묶어서 세어 보고 빈칸에 알맞은 수를 써 보세요.

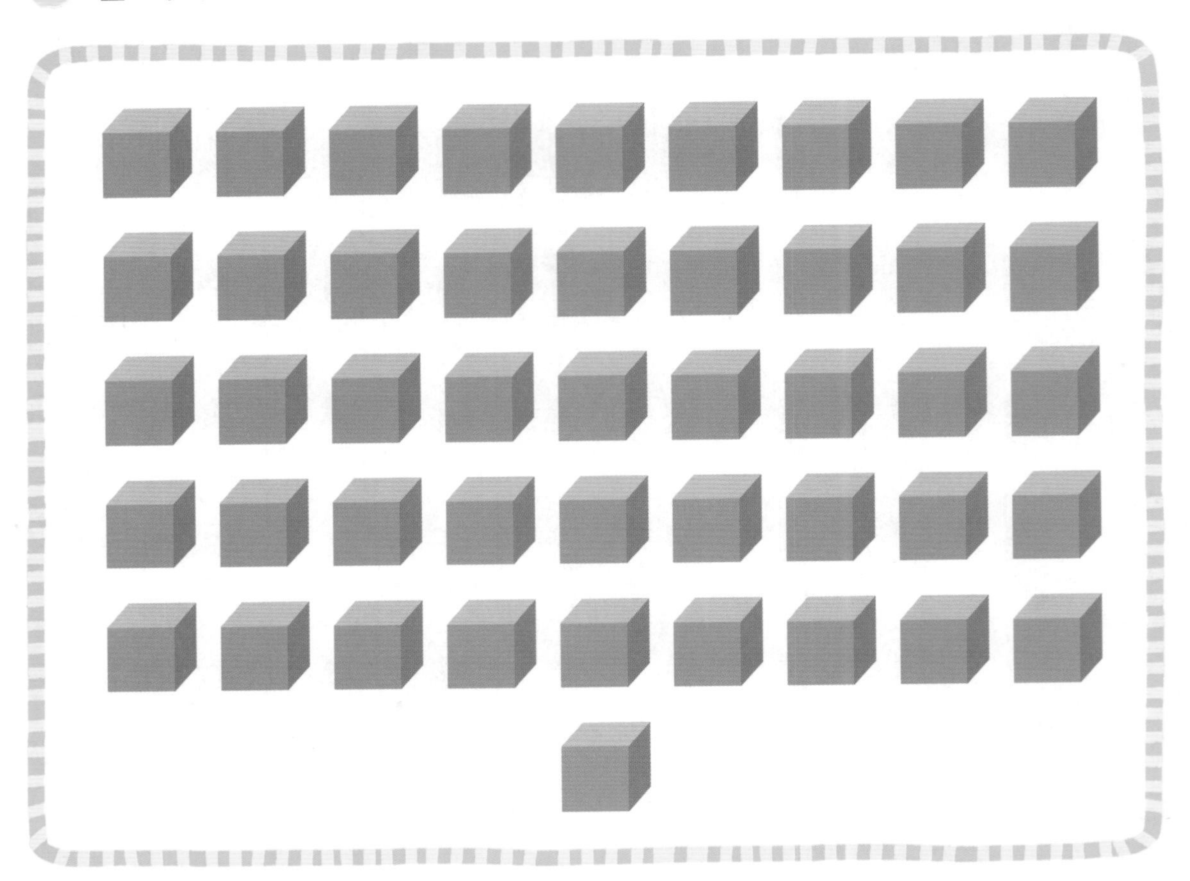

묶음 수	낱개 수
십의 자리	일의 자리

이름 :

날짜 :

확인

열 개씩 묶어서 세어 보고 빈칸에 알맞은 수를 써 보세요.

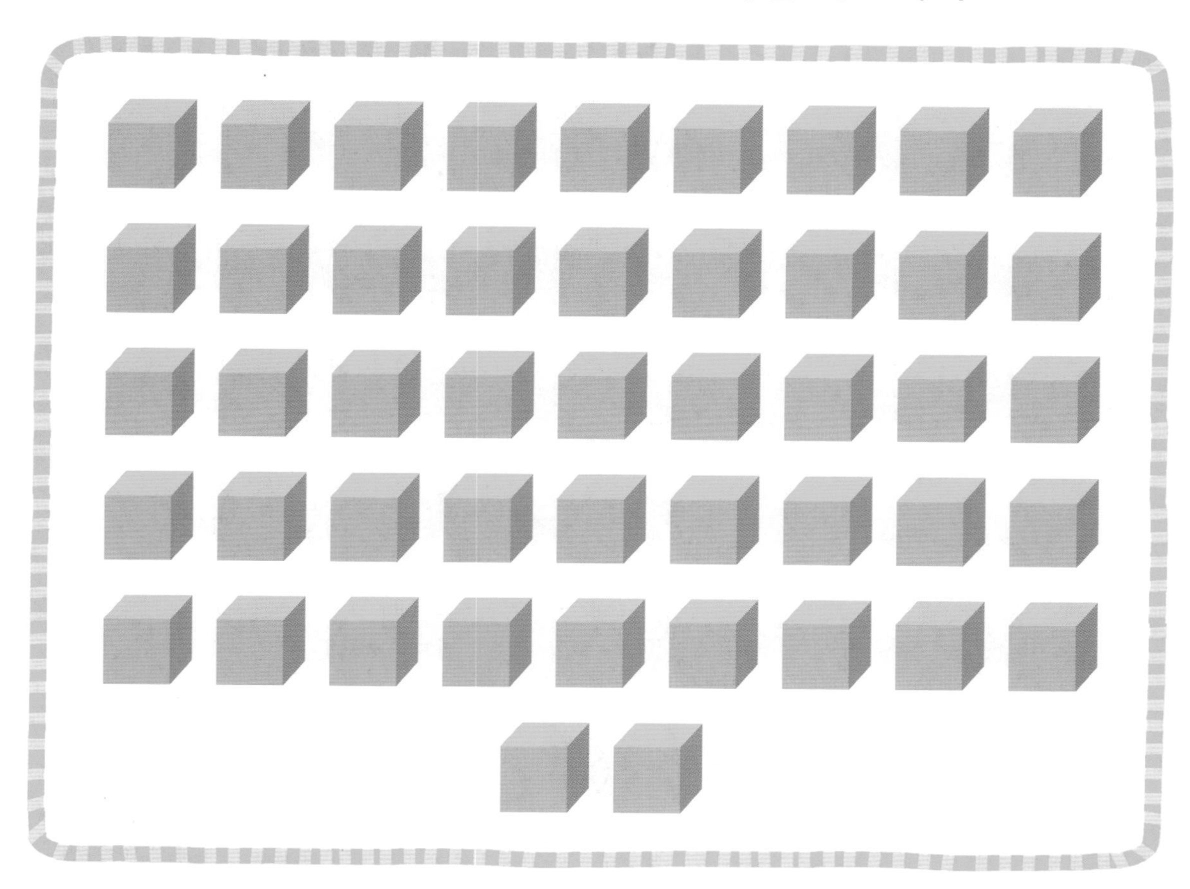

묶음 수	낱개 수
십의 자리	일의 자리

열 개씩 묶어서 세어 보고 빈칸에 알맞은 수를 써 보세요.

묶음 수	낱개 수
십의 자리	일의 자리

이름 :

날짜 :

확인

열 개씩 묶어서 세어 보고 빈칸에 알맞은 수를 써 보세요.

묶음 수	낱개 수
십의 자리	일의 자리

열 개씩 묶어서 세어 보고 빈칸에 알맞은 수를 써 보세요.

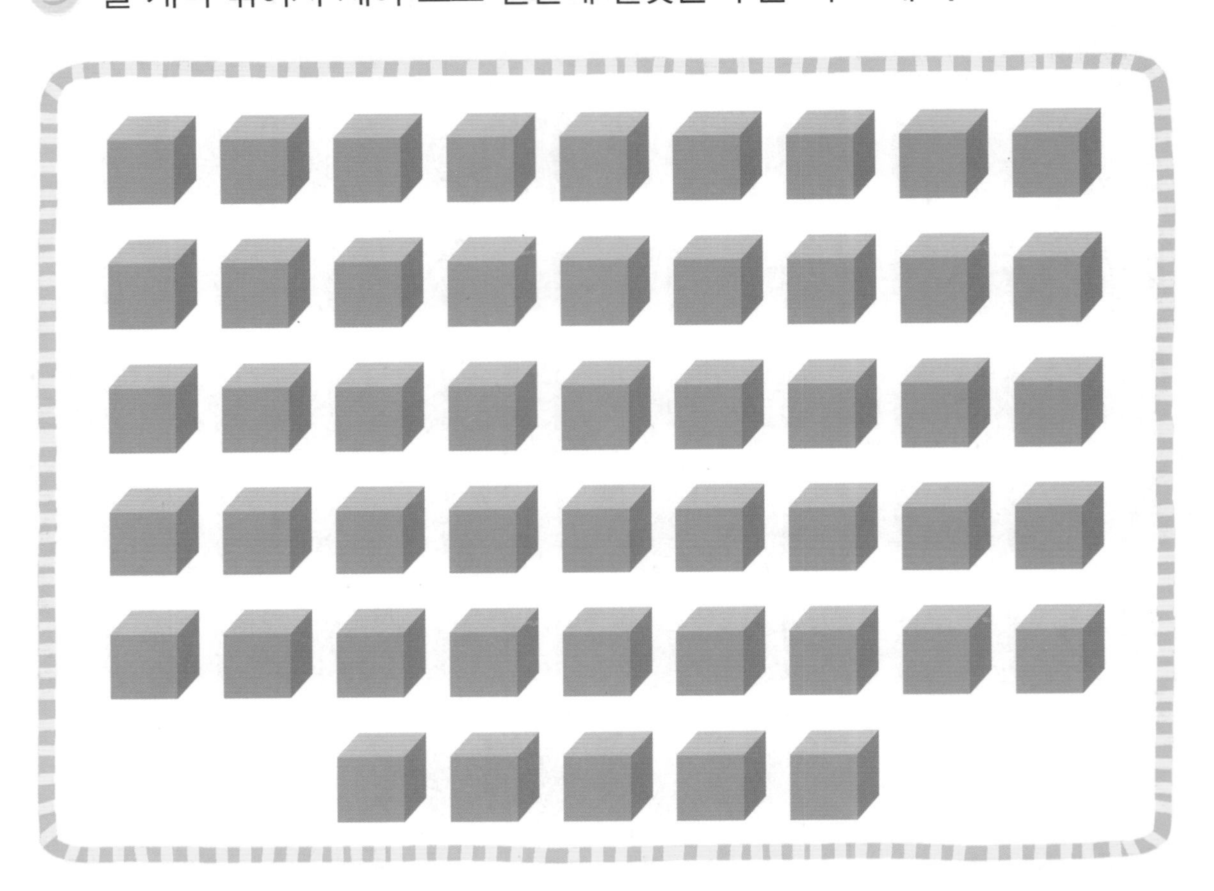

묶음 수	낱개 수
십의 자리	일의 자리

이름 :

날짜 :

확인

그림을 보고 빈칸에 알맞은 수를 써 보세요.

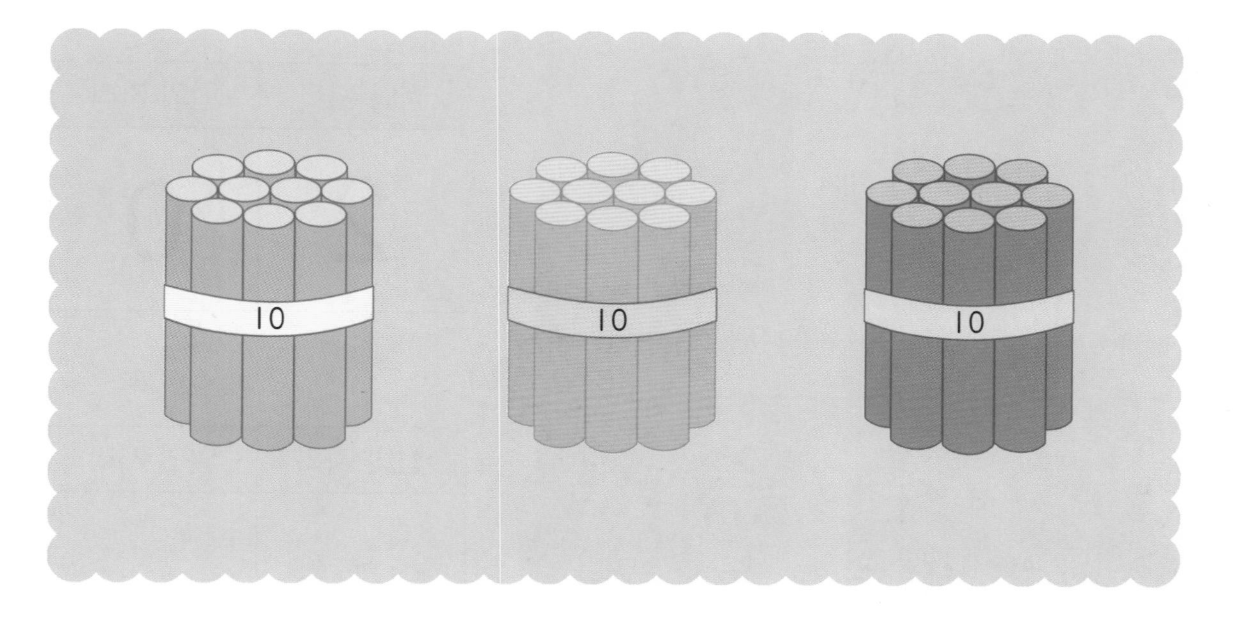

묶음 수	낱개 수
3개	0개

묶음 수	낱개 수

그림을 보고 빈칸에 알맞은 수를 써 보세요.

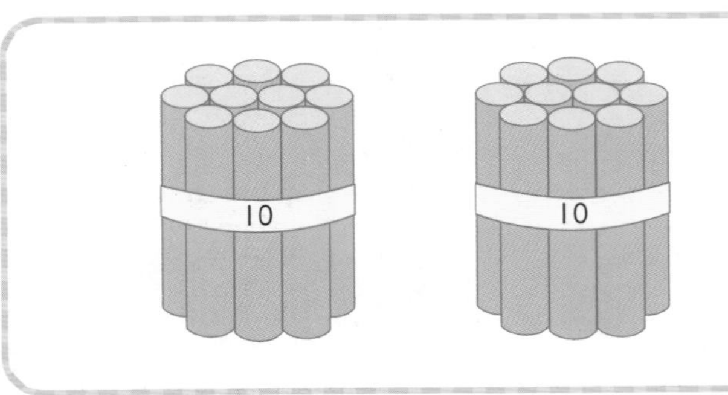

십의 자리	일의 자리
2	0

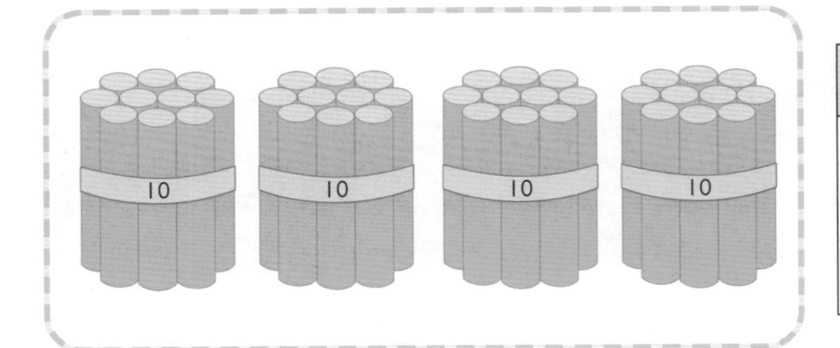

십의 자리	일의 자리

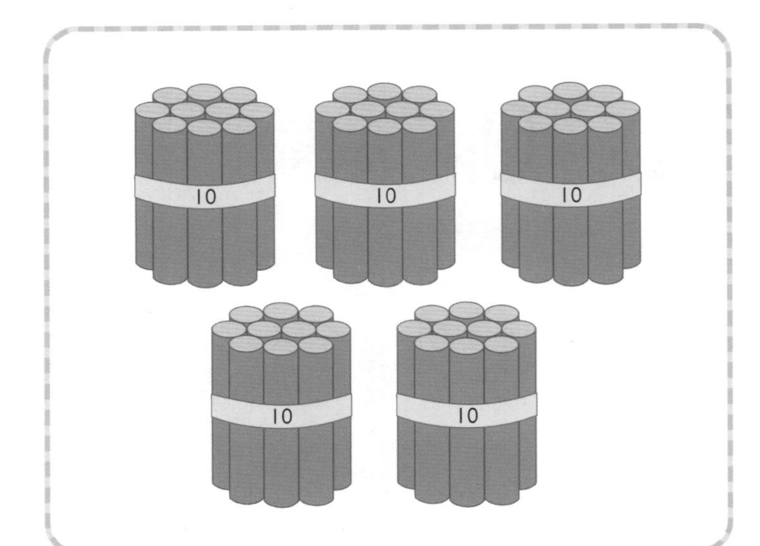

십의 자리	일의 자리

이름 :

날짜 :

확인

그림을 보고 빈칸에 알맞은 수를 써 보세요.

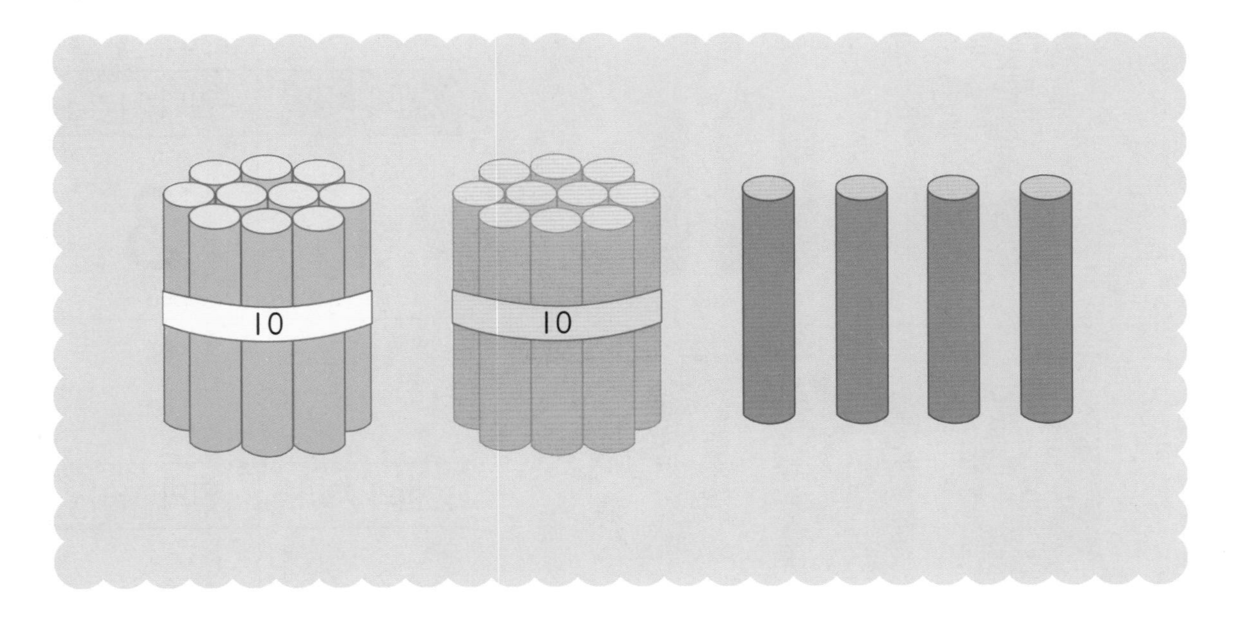

묶음 수	낱개 수
2 개	4 개

묶음 수	낱개 수

그림을 보고 빈칸에 알맞은 수를 써 보세요.

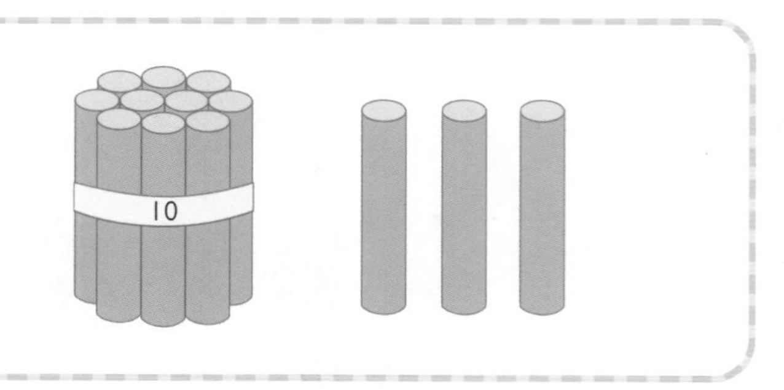

십의 자리	일의 자리
1	3

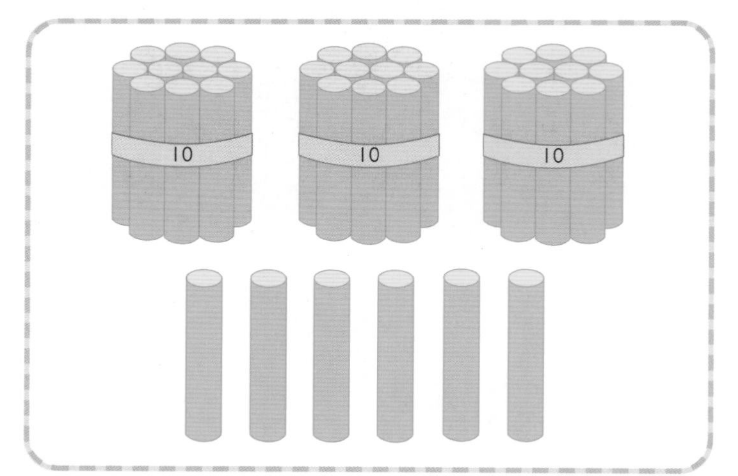

십의 자리	일의 자리

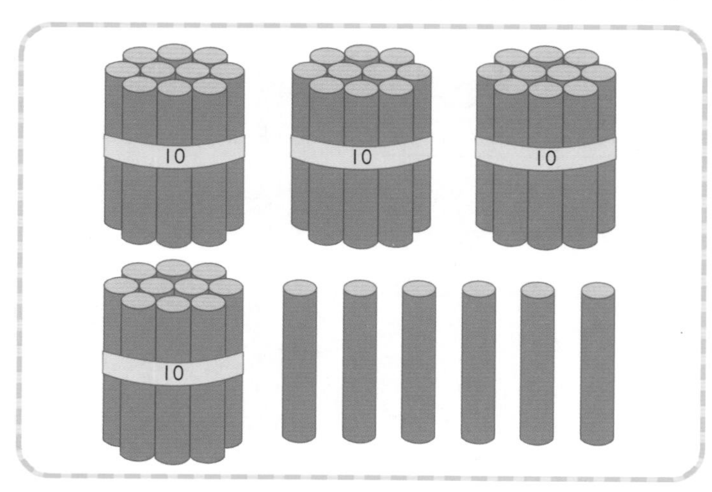

십의 자리	일의 자리

이름 :

날짜 :

확인

[50까지의 수 알아보기]

숫자를 읽어서 써 보고 바르게 따라 써 보세요.

41	마흔하나, 사십일	41	41	41
42		42	42	42
43		43	43	43
44		44	44	44
45		45	45	45
46		46	46	46
47		47	47	47
48		48	48	48
49		49	49	49
50		50	50	50

수의 순서를 생각하며 빈칸에 알맞은 수를 써 보세요.

이름 :

날짜 :

확인

수의 순서를 생각하며 빈칸에 알맞은 수를 써 보세요.

50까지의 수를 읽어 보면서 빈칸에 바르게 써 보세요.

1	2	3	4	5	6	7	8	9	10
11	12	13	14	15	16	17	18	19	20
21	22	23	24	25	26	27	28	29	30
31	32	33	34	35	36	37	38	39	40
41	42	43	44	45	46	47	48	49	50

1									
				25					

이름 :

날짜 :

확인

수의 순서를 생각하며 빈칸에 알맞은 수를 써 보세요.

아기 돼지가 1 큰 수만 따라가면 엄마 돼지를 만날 수 있어요. 선으로 이어가며 엄마 돼지가 있는 곳을 찾아가 보세요.

이름 :

날짜 :

확인

수의 순서를 생각하며 빈칸에 알맞은 수를 써 보세요.

26	27	28	39	40	
	35	36	15	16	
19		21	28	29	
44		46		49	50

수의 순서를 생각하며 빈칸에 알맞은 수를 써 보세요.

19 - ☐ - 21　　45 - ☐ - 47

이름 :

날짜 :

확인

소시지의 수를 세어 보고 빈칸에 알맞은 수를 써 보세요.

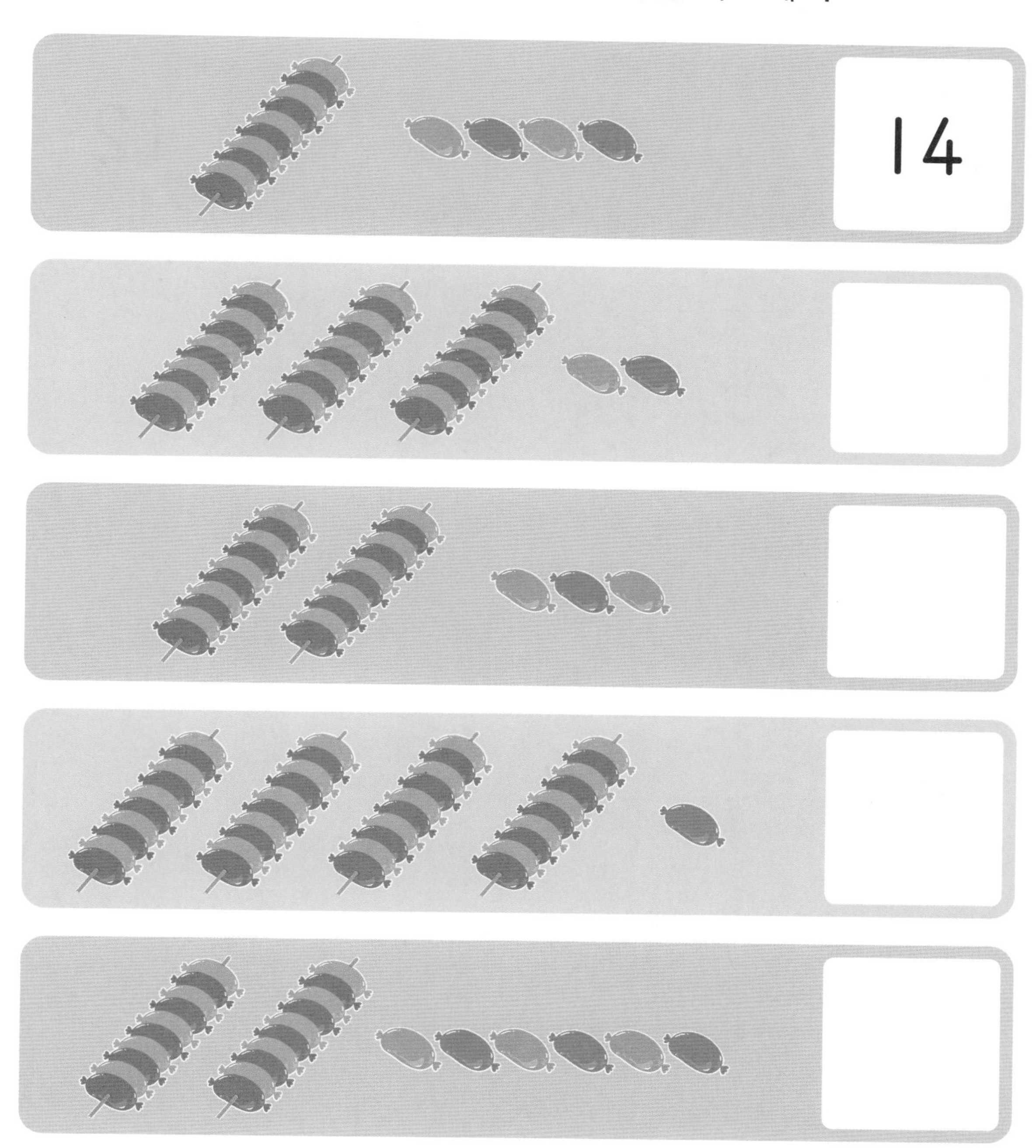

구슬의 수를 세어 보고 빈칸에 알맞은 수를 써 보세요.

12

이름 :

날짜 :

확인

두 수 중 더 큰 수에 ◯표 해 보세요.

15 26

35 29

43 28

19 25

33 37

49 50

24 31

35 44

두 수 중 더 작은 수에 ◯표 해 보세요.

28 33

44 46

18 40

27 13

48 46

34 17

26 31

40 37

이름 :

날짜 :

확인

가장 큰 수에 ◯표 해 보세요.

14	17	9	21	18	30
8	22	13	35	26	11
42	35	38	50	44	29
39	46	42	27	24	41

가장 작은 수에 ◯표 해 보세요.

7	11	5	13	9	25

32	40	25	23	16	47

19	24	29	31	35	18

45	47	50	28	32	30

이름 :

날짜 :

확인

40보다 큰 수가 써 있는 별은 노란색으로, 40보다 작은 수가 써 있는 별은 녹색으로 색칠해 보세요.

I부터 50까지 수의 순서대로 선을 이어 보세요.

기탄 친구들, D1집 즐겁게 공부하셨나요?
D1집을 훌륭하게 마친 친구들이 자랑스럽습니다.
D2집에서도 열심히 공부하기로 해요.
그럼, D2집에서 만나요!

사고력도 탄탄! 창의력도 탄탄!
기탄사고력수학
해답
[D1a ~ D60b]

※해답은 따로 보관하고 있다가 채점할 때 사용해 주세요.

1a

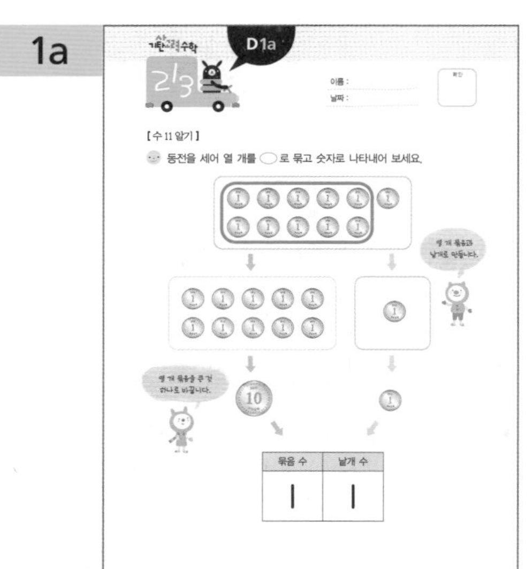

1b

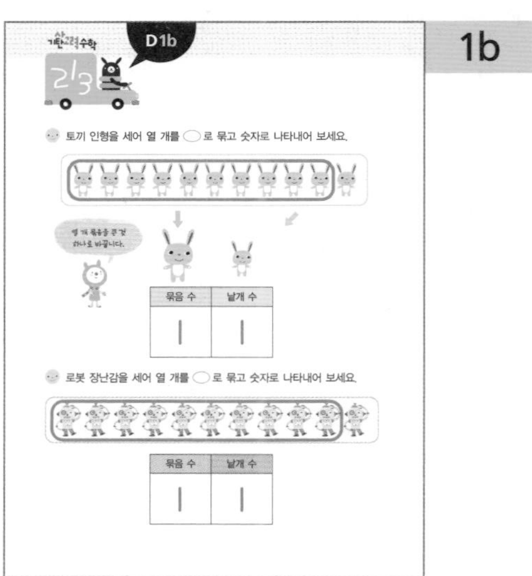

이해하기 얼마만큼의 양이 열하나인지, 열하나의 양을 왜 11이라고 표현하는지를 알아보는 활동입니다.

해결하기 수를 셀 때에는 손가락으로 하나씩 짚어 가거나 연필로 한 개씩 지워 가며 큰 소리로 세어 보게 합니다. 열 개까지 센 것을 큰 동그라미로 묶어 보게 합니다. 열 개 묶음이 1개, 낱개가 1개이므로 묶음 수 자리에 1, 낱개 수 자리에도 1을 써넣습니다.

2a

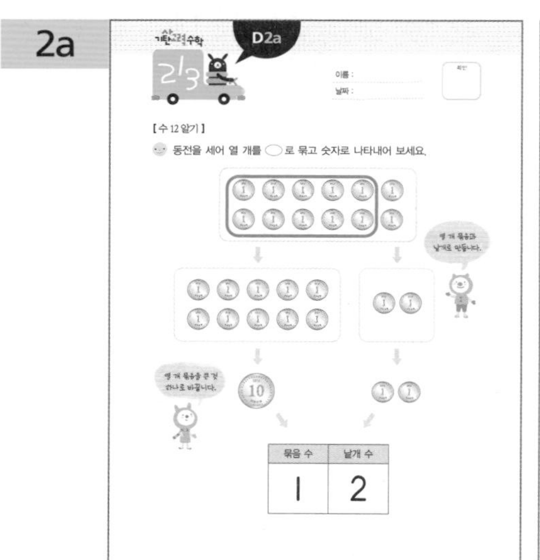

2b

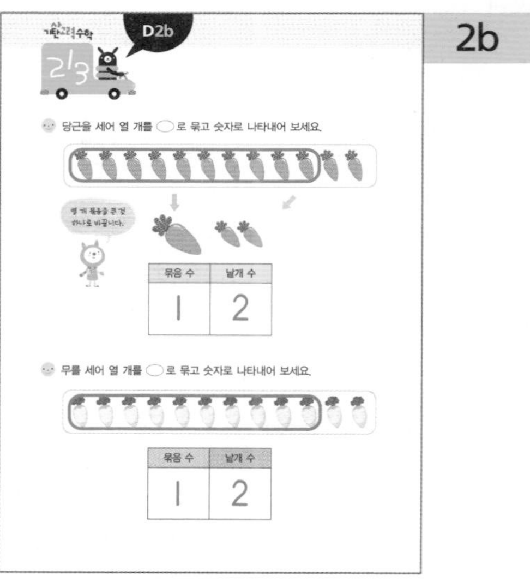

이해하기 얼마만큼의 양이 열둘인지, 열둘의 양을 왜 12라고 표현하는지를 알아보는 활동입니다.

해결하기 수를 셀 때에는 손가락으로 하나씩 짚어 가거나 연필로 한 개씩 지워 가며 큰 소리로 세어 보게 합니다. 열 개까지 센 것을 큰 동그라미로 묶어 보게 합니다. 열 개 묶음이 1개, 낱개가 2개이므로 묶음 수 자리에는 1을, 낱개 수 자리에는 2를 써넣습니다.

3a

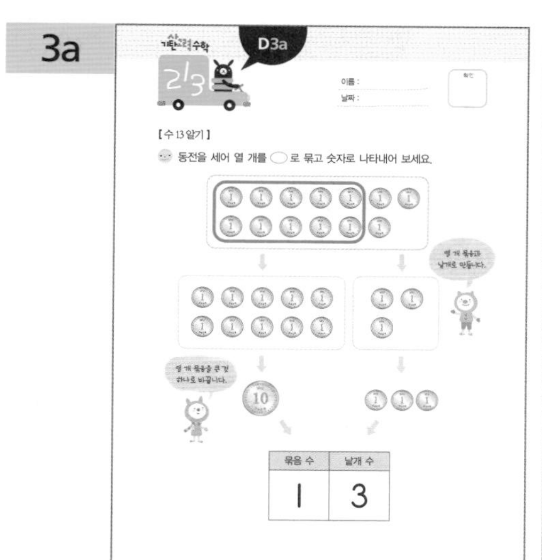

3b

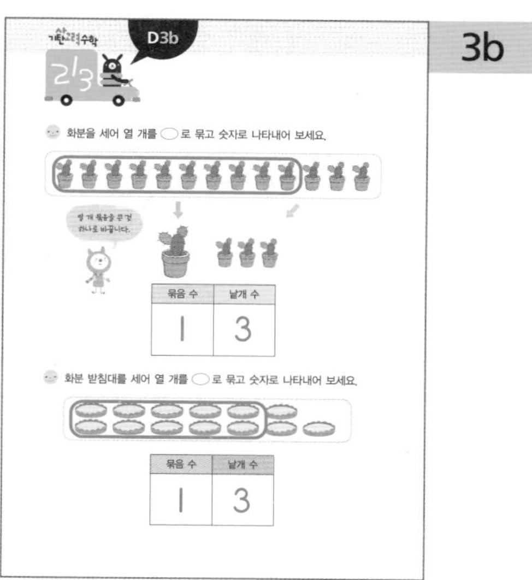

이해하기 얼마만큼의 양이 열셋인지, 열셋의 양을 왜 13이라고 표현하는지를 알아보는 활동입니다.

해결하기 수를 셀 때에는 손가락으로 하나씩 짚어 가거나 연필로 한 개씩 지워 가며 큰 소리로 세어 보게 합니다. 열 개까지 센 것을 큰 동그라미로 묶어 보게 합니다. 열 개 묶음이 1개, 낱개가 3개이므로 묶음 수 자리에 1, 낱개 수 자리에는 3을 써넣습니다.

4a

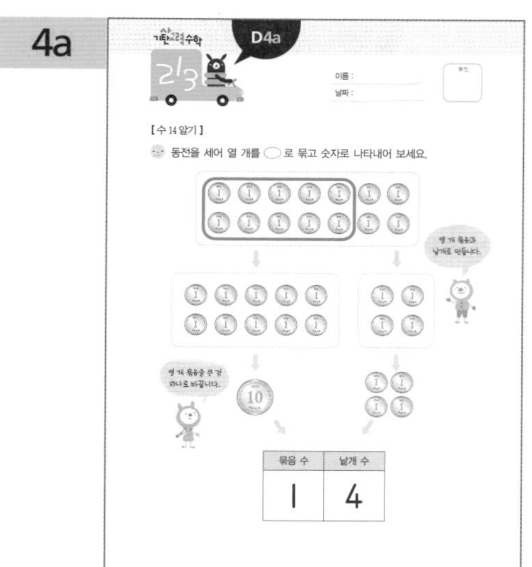

4b

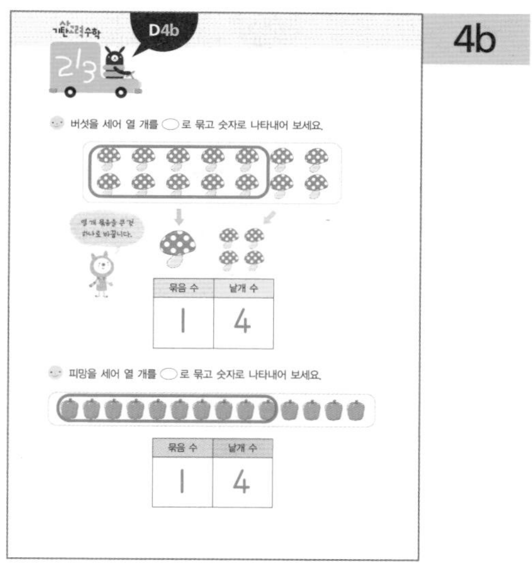

이해하기 얼마만큼의 양이 열넷인지, 열넷의 양을 왜 14라고 표현하는지를 알아보는 활동입니다.

해결하기 수를 셀 때에는 손가락으로 하나씩 짚어 가거나 연필로 한 개씩 지워 가며 큰 소리로 세어 보게 합니다. 열 개까지 센 것을 큰 동그라미로 묶어 보게 합니다. 열 개 묶음이 1개, 낱개가 4개이므로 묶음 수 자리에 1, 낱개 수 자리에는 4를 써넣습니다.

※해답은 따로 보관하고 있다가 채점할 때 사용해 주세요.

5a

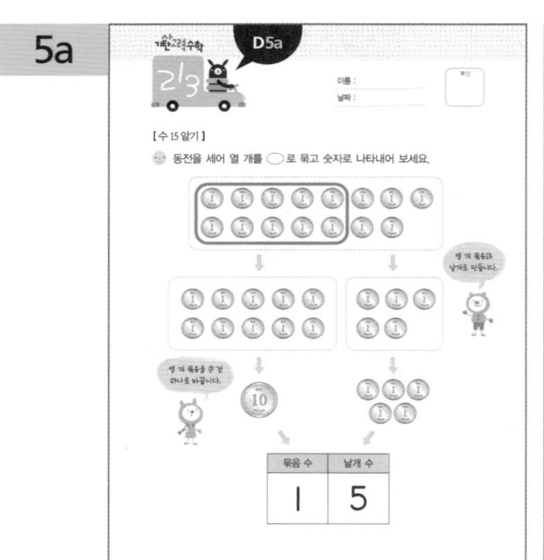

5b

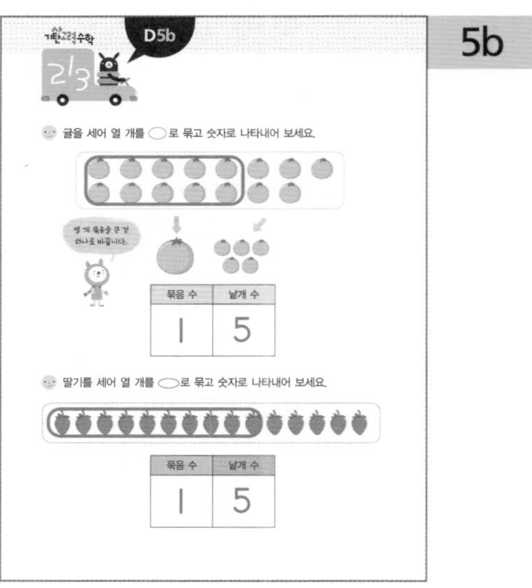

이해하기 얼마만큼의 양이 열다섯인지, 열다섯의 양을 왜 15라고 표현하는지를 알아보는 활동입니다.

해결하기 수를 셀 때에는 손가락으로 하나씩 짚어 가거나 연필로 한 개씩 지워 가며 큰 소리로 세어 보게 합니다. 열 개까지 센 것을 큰 동그라미로 묶어 보게 합니다. 열 개 묶음이 1개, 낱개가 5개이므로 묶음 수 자리에 1, 낱개 수 자리에는 5를 써넣습니다.

6a

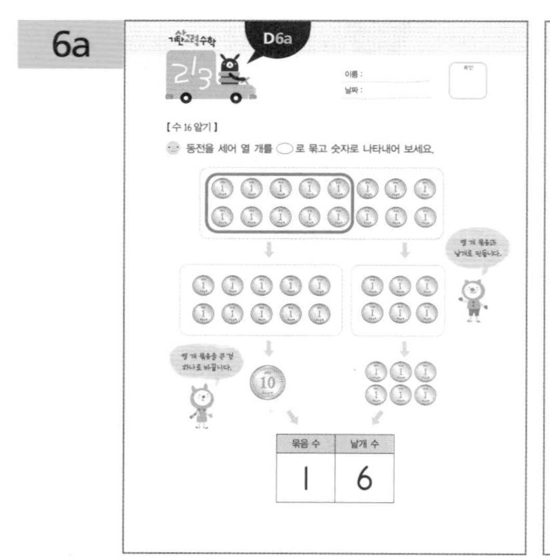

6b

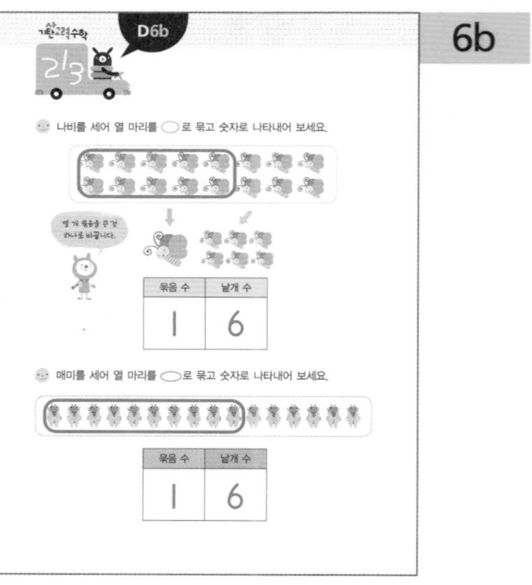

이해하기 얼마만큼의 양이 열여섯인지, 열여섯의 양을 왜 16이라고 표현하는지를 알아보는 활동입니다.

해결하기 수를 셀 때에는 손가락으로 하나씩 짚어 가거나 연필로 한 개씩 지워 가며 큰 소리로 세어 보게 합니다. 열 개까지 센 것을 큰 동그라미로 묶어 보게 합니다. 열 개 묶음이 1개, 낱개가 6개이므로 묶음 수 자리에 1, 낱개 수 자리에는 6을 써넣습니다.

7a

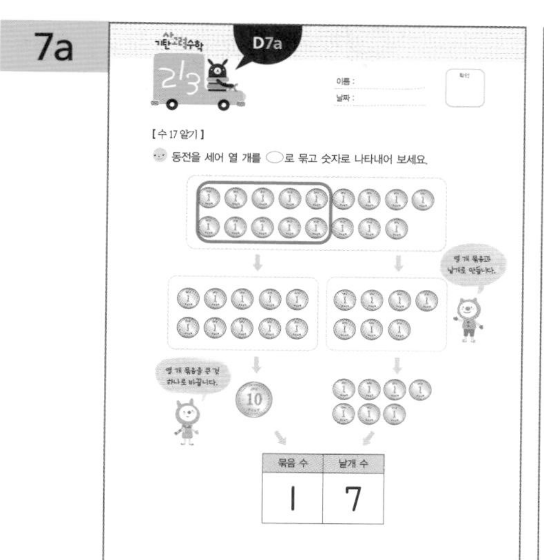

7b

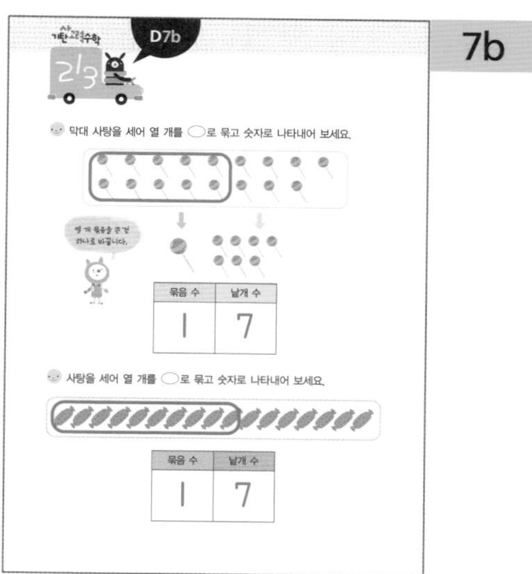

이해하기 얼마만큼의 양이 열일곱인지, 열일곱의 양을 왜 17이라고 표현하는지를 알아보는 활동입니다.

해결하기 수를 셀 때에는 손가락으로 하나씩 짚어 가거나 연필로 한 개씩 지워 가며 큰 소리로 세어 보게 합니다. 열 개까지 센 것을 큰 동그라미로 묶어 보게 합니다. 열 개 묶음이 1개, 낱개가 7개이므로 묶음 수 자리에 1, 낱개 수 자리에는 7을 써넣습니다.

8a

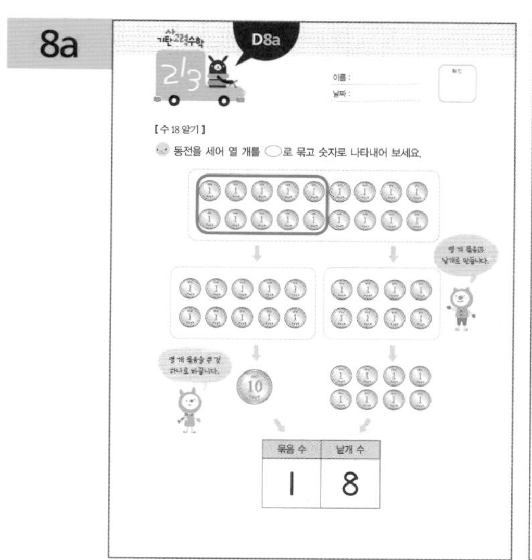

8b

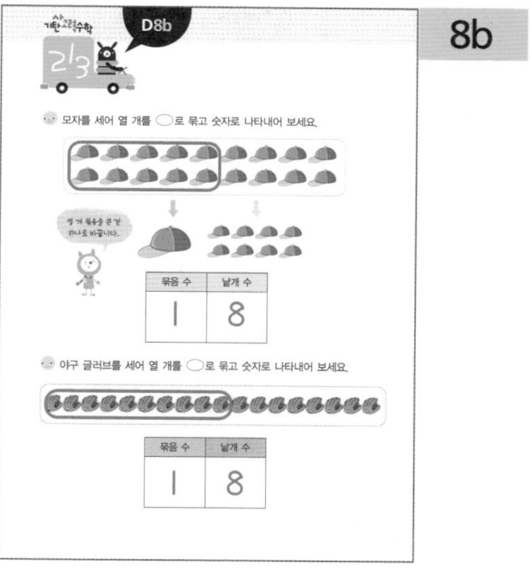

이해하기 얼마만큼의 양이 열여덟인지, 열여덟의 양을 왜 18이라고 표현하는지를 알아보는 활동입니다.

해결하기 수를 셀 때에는 손가락으로 하나씩 짚어 가거나 연필로 한 개씩 지워 가며 큰 소리로 세어 보게 합니다. 열 개까지 센 것을 큰 동그라미로 묶어 보게 합니다. 열 개 묶음이 1개, 낱개가 8개이므로 묶음 수 자리에 1, 낱개 수 자리에는 8을 써넣습니다.

※해답은 따로 보관하고 있다가 채점할 때 사용해 주세요.

9a

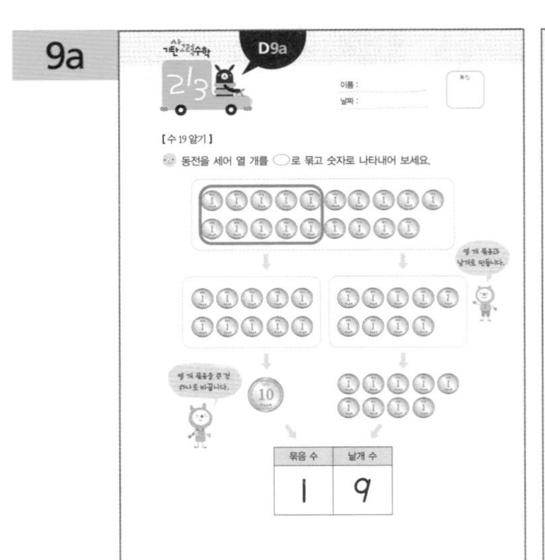

9b

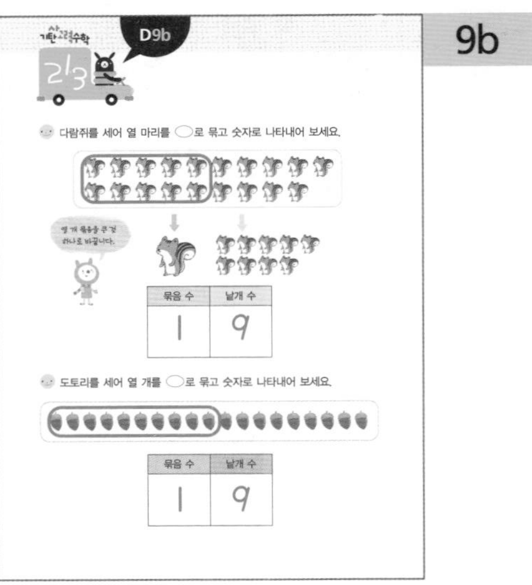

이해하기 얼마만큼의 양이 열아홉인지, 열아홉의 양을 왜 19라고 표현하는지를 알아보는 활동입니다.

해결하기 수를 셀 때에는 손가락으로 하나씩 짚어 가거나 연필로 한 개씩 지워 가며 큰 소리로 세어 보게 합니다. 열 개까지 센 것을 큰 동그라미로 묶어 보게 합니다. 열 개 묶음이 1개, 낱개가 9개이므로 묶음 수 자리에 1, 낱개 수 자리에는 9를 써넣습니다.

10a

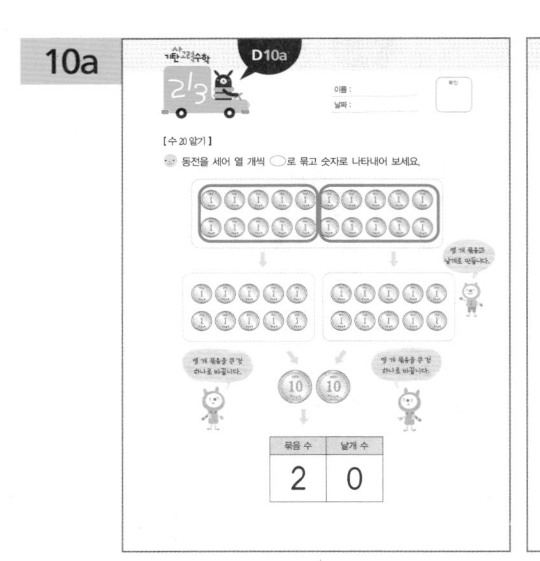

10b

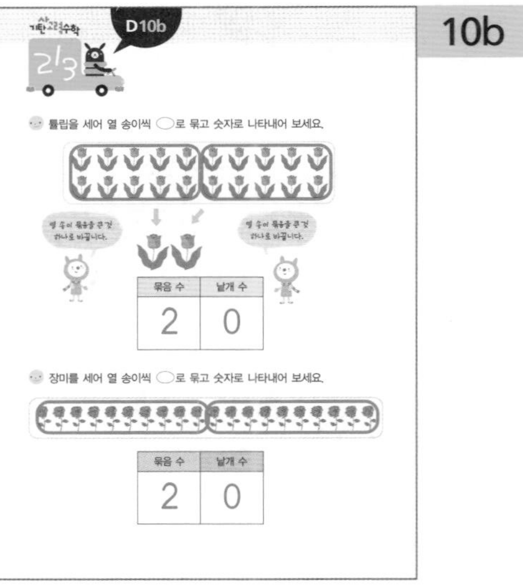

이해하기 얼마만큼의 양이 스물인지, 스물의 양을 왜 20이라고 표현하는지를 알아보는 활동입니다.

해결하기 수를 셀 때에는 손가락으로 하나씩 짚어 가거나 연필로 한 개씩 지워 가며 큰 소리로 세어 보게 합니다. 열 개까지 센 것을 큰 동그라미로 묶어 보게 합니다. 열 개 묶음이 2개, 낱개가 없으므로 묶음 수 자리에 2, 낱개 수 자리에는 0을 써넣습니다.

11a

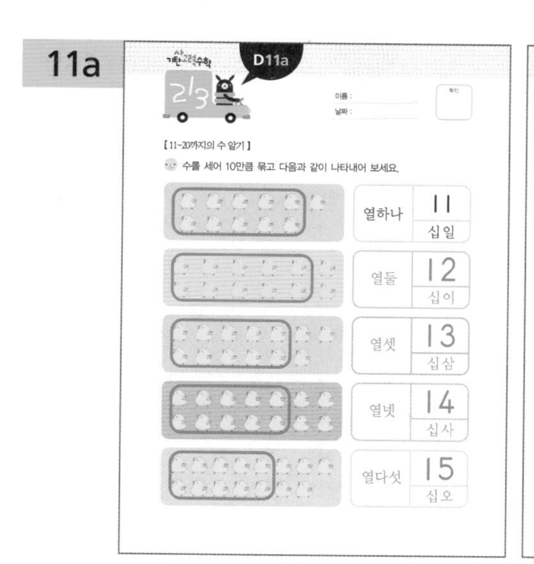

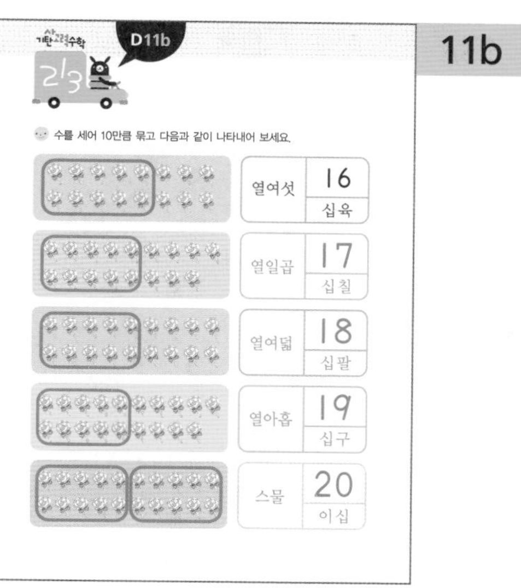

11b

이해하기 11부터 20까지의 수를 세는 방법, 쓰는 방법, 읽는 방법을 알아보는 활동입니다.

해결하기 10만큼 세어서 묶은 후 남은 것의 수를 세어 봅니다. 남은 것의 수가 하나, 둘, 셋, 넷, ……일 때, '열' 뒤에 남은 것의 수를 붙여서 '열하나, 열둘, 열셋, 열넷, ……'이라고 셀 수 있습니다. 열하나, 열둘, 열셋, 열넷, ……은 11, 12, 13, 14, ……와 같이 쓰고, 십일, 십이, 십삼, 십사, ……로도 읽을 수 있습니다.

12a

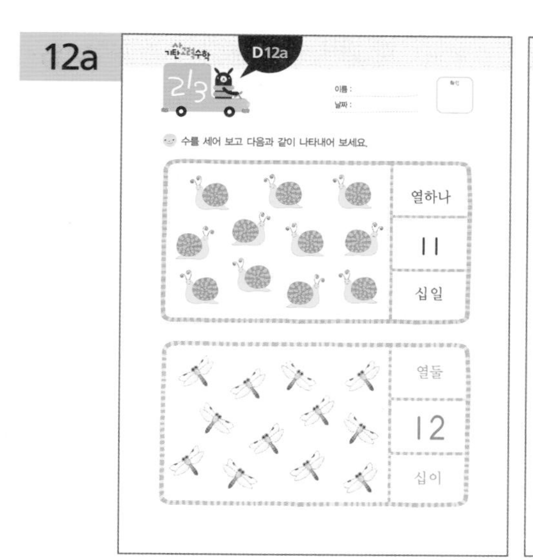

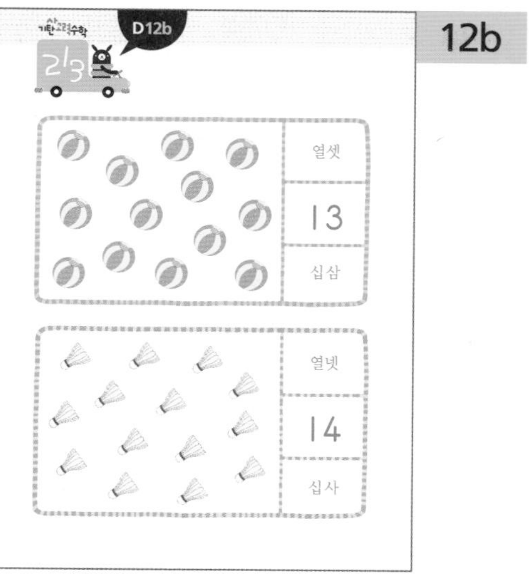

12b

이해하기 11, 12, 13, 14를 세고 읽는 연습입니다.

해결하기 '열' 다음부터는 '열하나, 열둘, 열셋, 열넷'으로 셉니다. 한 번 센 것을 또 세지 않도록 연필로 지워 가며 세어 봅니다. 열 개까지 센 것을 ○로 묶어 놓고 세면 쉽습니다.

13a

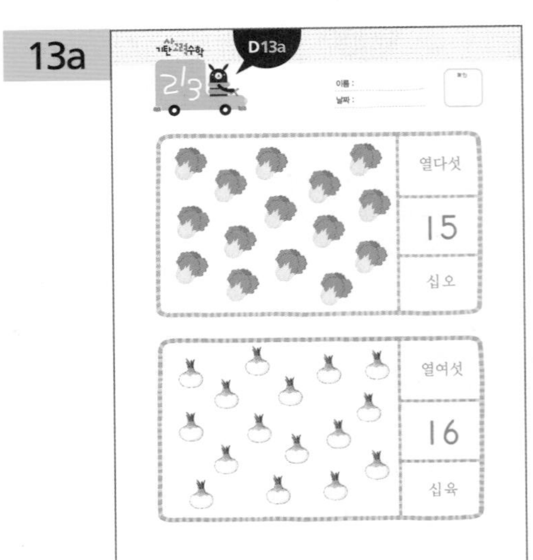

13b

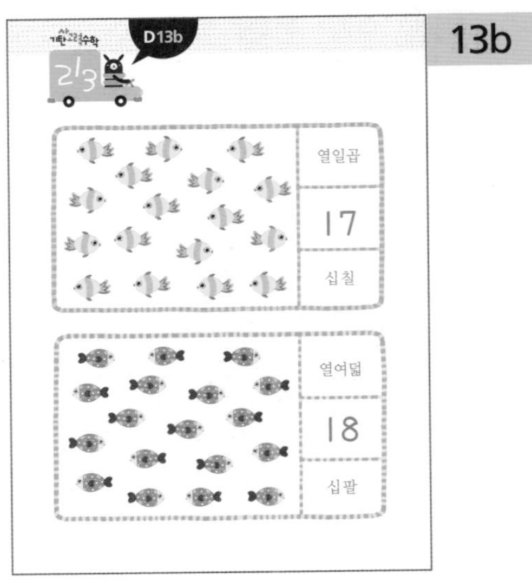

이해하기 15, 16, 17, 18을 세고 읽는 연습입니다.

해결하기 '열넷' 다음부터는 '열다섯, 열여섯, 열일곱, 열여덟'로 셉니다. 한 번 센 것을 또 세지 않도록 연필로 지워 가며 세어 봅니다. 열 개까지 센 것을 ○로 묶어 놓고 세면 쉽습니다.

14a

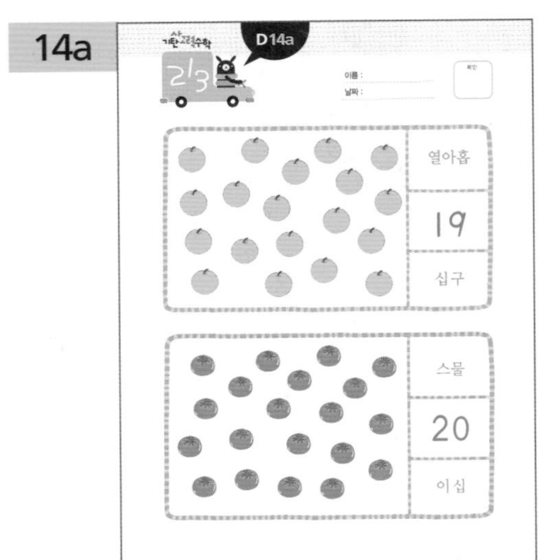

14b

D14b

숫자를 읽어서 써 보고 바르게 따라 써 보세요.

11	열하나, 십일	11	11	11
12	열둘, 십이	12	12	12
13	열셋, 십삼	13	13	13
14	열넷, 십사	14	14	14
15	열다섯, 십오	15	15	15
16	열여섯, 십육	16	16	16
17	열일곱, 십칠	17	17	17
18	열여덟, 십팔	18	18	18
19	열아홉, 십구	19	19	19
20	스물, 이십	20	20	20

이해하기 19, 20을 세고 읽는 연습입니다.

해결하기 열여덟 다음의 수는 '열아홉', 열아홉 다음의 수는 '스물'이라고 읽습니다.

이해하기 11부터 20까지의 수를 읽고 써 보며 아는 것을 확인합니다.

해결하기 11부터 20까지 반복해서 읽고 쓰기를 연습해 봅니다.

15a

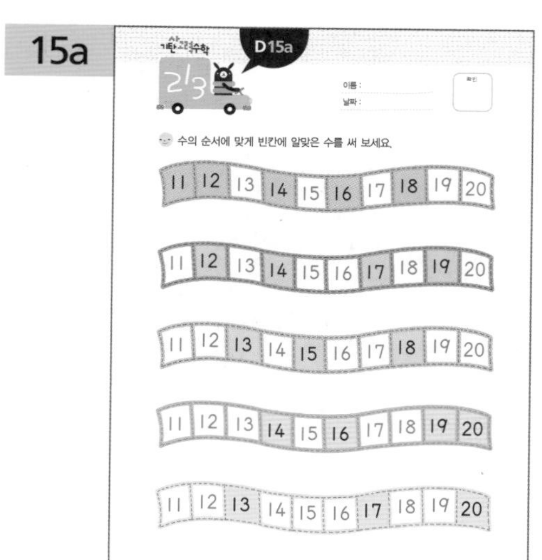

15b

이해하기 11부터 20까지의 수의 순서를 알아보는 활동입니다.

해결하기 11부터 20까지의 수를 순서대로 말해 보며 빠진 숫자를 써넣습니다. 또한 수의 순서대로 선을 이어서 그림을 완성해 보는 놀이를 통해 수의 순서를 확실하게 알 수 있습니다.

16a

16b

이해하기 '스물하나'와 '스물둘'의 양을 알아보고 왜 21, 22라고 표현하는지를 알아보는 활동입니다.

해결하기 열 개까지 센 것을 하나로 묶어 보게 합니다. 열 개 묶음이 2개, 낱개가 1개이면 21, 열 개 묶음이 2개, 낱개가 2개이면 22라고 씁니다.

17a

D17a

이름 :
날짜 :

병아리를 열 마리씩 묶어 보고 물음에 답해 보세요.

열 마리씩 묶음이 몇 개인가요? 2 개

나머지는 몇 마리인가요? 3 마리

모두 몇 마리인가요? 23 마리

17b

D17b

물고기를 열 마리씩 묶어 보고 물음에 답해 보세요.

열 마리씩 묶음이 몇 개인가요? 2 개

나머지는 몇 마리인가요? 4 마리

모두 몇 마리인가요? 24 마리

이해하기 '스물셋' 과 '스물넷' 의 양을 알아보고 왜 23, 24라고 표현하는지를 알아보는 활동입니다.

해결하기 열 개까지 센 것을 하나로 묶어 보게 합니다. 열 개 묶음이 2개, 낱개가 3개이면 23, 열 개 묶음이 2개, 낱개가 4개이면 24라고 씁니다.

18a

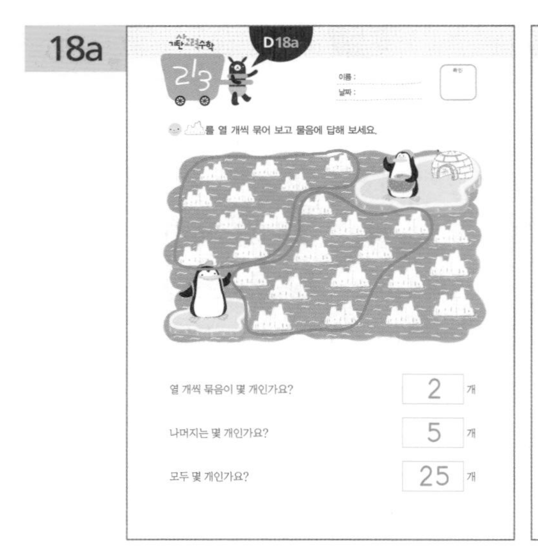

D18a

이름 :
날짜 :

를 열 개씩 묶어 보고 물음에 답해 보세요.

열 개씩 묶음이 몇 개인가요? 2 개

나머지는 몇 개인가요? 5 개

모두 몇 개인가요? 25 개

18b

D18b

딸기 그림을 열 개씩 묶어 보고 물음에 답해 보세요.

열 개씩 묶음이 몇 개인가요? 2 개

나머지는 몇 개인가요? 6 개

모두 몇 개인가요? 26 개

이해하기 '스물다섯' 과 '스물여섯' 의 양을 알아보고 왜 25, 26이라고 표현하는지를 알아보는 활동입니다.

해결하기 열 개까지 센 것을 하나로 묶어 보게 합니다. 열 개 묶음이 2개, 낱개가 5개이면 25, 열 개 묶음이 2개, 낱개가 6개이면 26이라고 씁니다.

19a

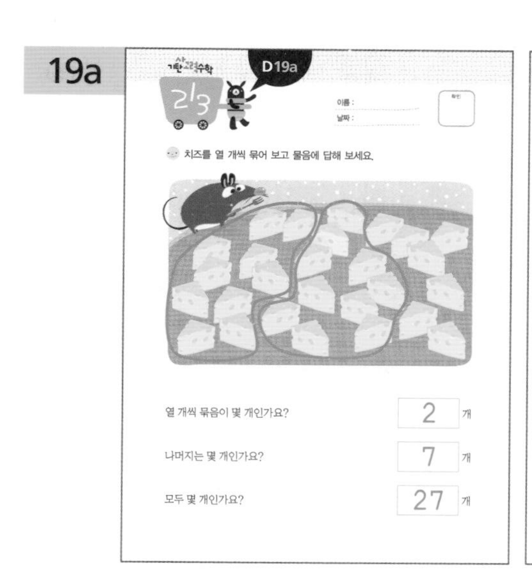

19b

이해하기 '스물일곱'과 '스물여덟'의 양을 알아보고 왜 27, 28이라고 표현하는지를 알아보는 활동입니다.

해결하기 열 개까지 센 것을 하나로 묶어 보게 합니다. 열 개 묶음이 2개, 낱개가 7개이면 27, 열 개 묶음이 2개, 낱개가 8개이면 28이라고 씁니다.

20a

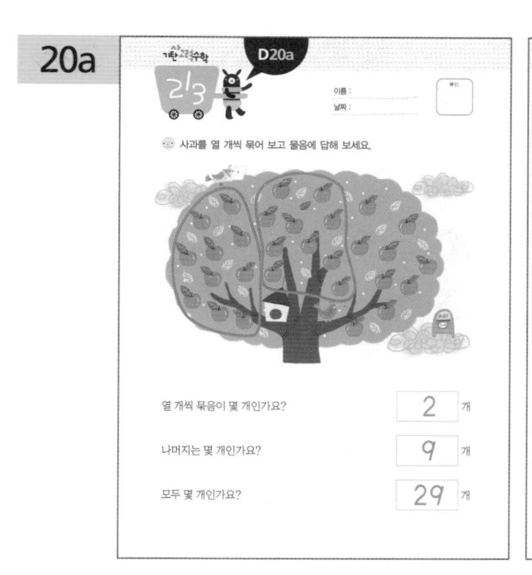

20b

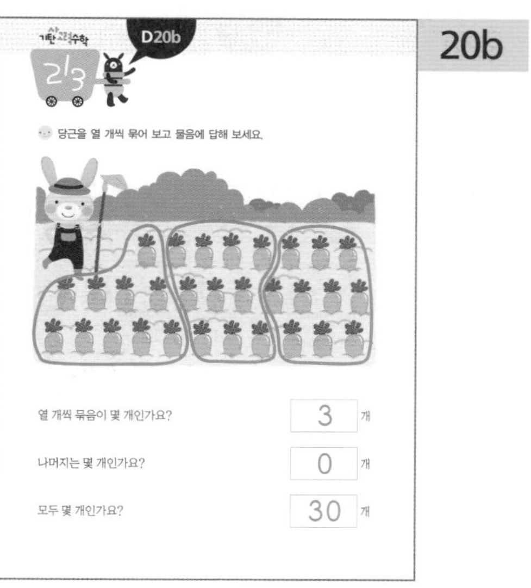

이해하기 '스물아홉'과 '서른'의 양을 알아보고 왜 29, 30이라고 표현하는지를 알아보는 활동입니다.

해결하기 열 개까지 센 것을 하나로 묶어 보게 합니다. 열 개 묶음이 2개, 낱개가 9개이면 29, 열 개 묶음이 3개, 낱개가 0개이면 30이라고 씁니다.

21a D21a

이름 :

날짜 :

확인

숫자를 읽어서 써 보고 바르게 따라 써 보세요.

21	스물하나, 이십일	21	21	21
22	스물둘, 이십이	22	22	22
23	스물셋, 이십삼	23	23	23
24	스물넷, 이십사	24	24	24
25	스물다섯, 이십오	25	25	25
26	스물여섯, 이십육	26	26	26
27	스물일곱, 이십칠	27	27	27
28	스물여덟, 이십팔	28	28	28
29	스물아홉, 이십구	29	29	29
30	서른, 삼십	30	30	30

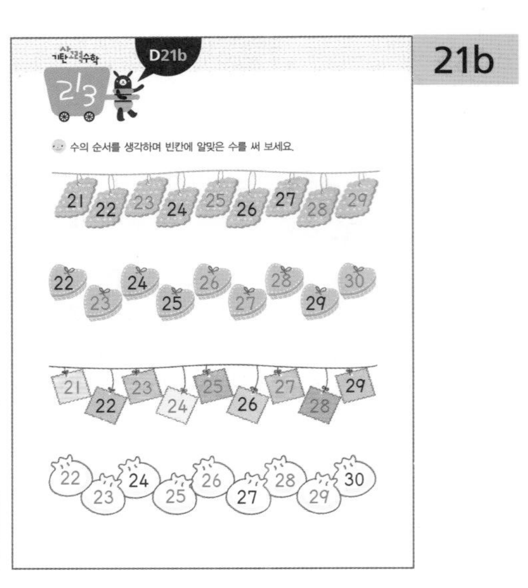

이해하기 21부터 30까지의 수를 읽고 써 보며 아는 것을 확인하고, 21부터 30까지의 수의 순서를 알아보는 활동입니다.

해결하기 21부터 30까지 반복해서 읽고 쓰기를 연습해 봅니다. 또한 21부터 30까지의 수 중에서 순서대로 말해 보며 빠진 숫자를 써넣습니다.

이해하기 21부터 30까지의 수의 순서를 알아보는 활동입니다.

해결하기 21부터 30까지의 수를 순서대로 말해 보며 빠진 숫자를 써넣습니다. 또한 수의 순서대로 선을 이어서 그림을 완성해 보는 놀이를 통해 수의 순서를 확실하게 알 수 있습니다.

23a

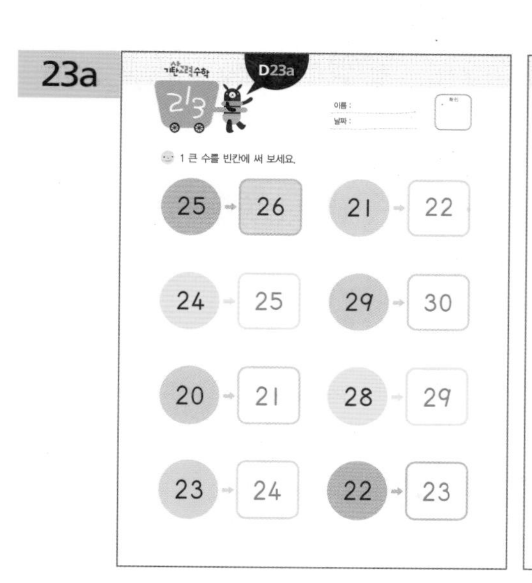

23b

이해하기 수의 순서에서 바로 다음에 오는 수는 1 큰 수, 바로 전의 수는 1 작은 수임을 아는 활동입니다.

해결하기 21, 22, 23, 24, 25, 26, ……에서 25보다 1 큰 수는 25 바로 다음 수인 26이고, 25보다 1 작은 수는 25 바로 전의 수인 24입니다. 같은 방법으로 1 큰 수, 1 작은 수를 알아봅니다.

24a

24b

이해하기 수의 순서 중 어떤 수가 빠졌는지 알아보는 활동으로 수의 순서를 명확하게 정리할 수 있습니다.

해결하기 수의 순서를 생각하여 소리 내어 읽으면서 주어진 2개의 수 다음에 올 수, 전에 올 수 또는 사이에 들어갈 수를 알아봅니다.

※해답은 따로 보관하고 있다가 채점할 때 사용해 주세요.

25a

25b

이해하기 수를 보고 그 양을 이해하여 어느 것이 더 크고, 어느 것이 더 작은 수인지 비교할 수 있습니다.

해결하기 수의 대소 비교는 처음 접하는 아이들에겐 어려울 수 있습니다. 먼저 10개씩 묶음이 많은 것을 찾아 보게 하고, 10개씩 묶음 수가 같을 때는 낱개 수를 비교하여 어느 수가 더 크고 작은지를 판단할 수 있게 합니다.

26a

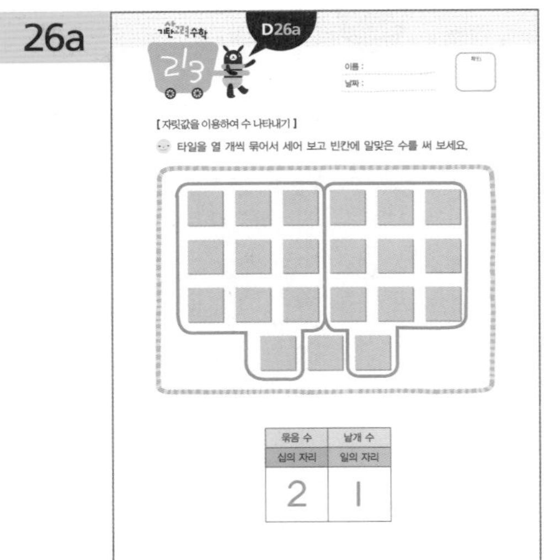

26b

이해하기 십진법의 기초가 되는 자릿값을 이용한 수 나타내기 활동입니다.

해결하기 10개씩 묶음의 수인 2는 십의 자리에, 낱개 수 1, 2는 일의 자리에 써서 스물하나는 21로, 스물둘은 22로 나타냅니다.

27a

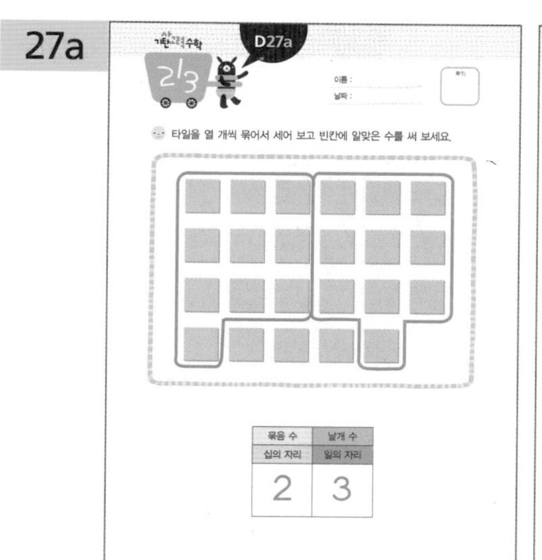

27b

이해하기 십진법의 기초가 되는 자릿값을 이용한 수 나타내기 활동입니다.

해결하기 10개씩 묶음의 수인 2는 십의 자리에, 낱개 수 3, 4는 일의 자리에 써서 스물셋은 23으로, 스물넷은 24로 나타냅니다.

28a

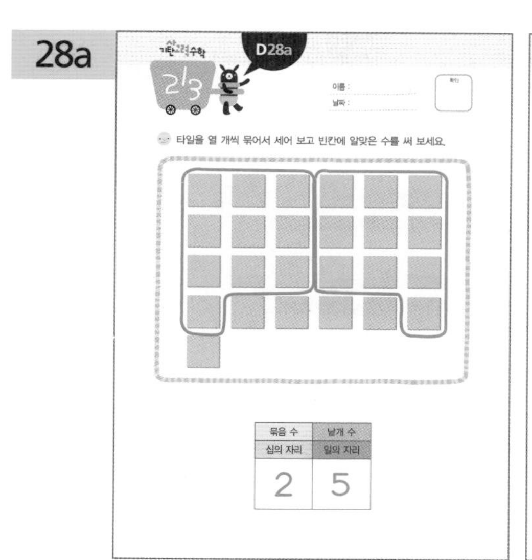

28b

이해하기 십진법의 기초가 되는 자릿값을 이용한 수 나타내기 활동입니다.

해결하기 10개씩 묶음의 수인 2는 십의 자리에, 낱개 수 5, 6은 일의 자리에 써서 스물다섯은 25로, 스물여섯은 26으로 나타냅니다.

29a

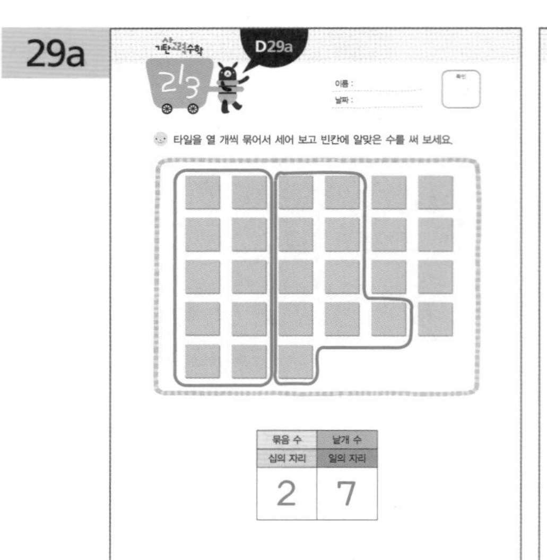

29b

이해하기 십진법의 기초가 되는 자릿값을 이용한 수 나타내기 활동입니다.

해결하기 10개씩 묶음의 수인 2는 십의 자리에, 낱개 수 7, 8은 일의 자리에 써서 스물일곱은 27로, 스물여덟은 28로 나타냅니다.

30a

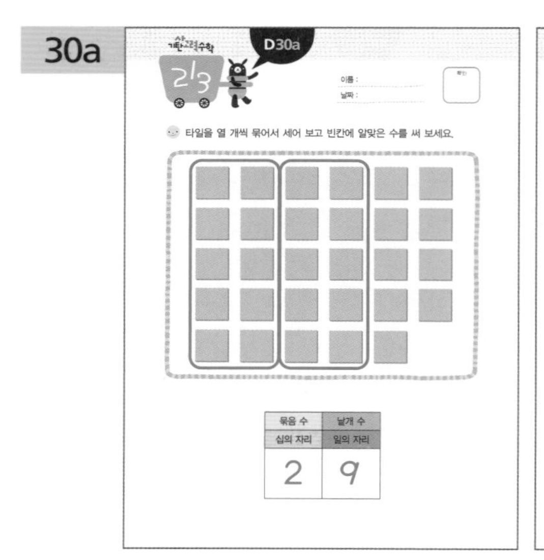

30b

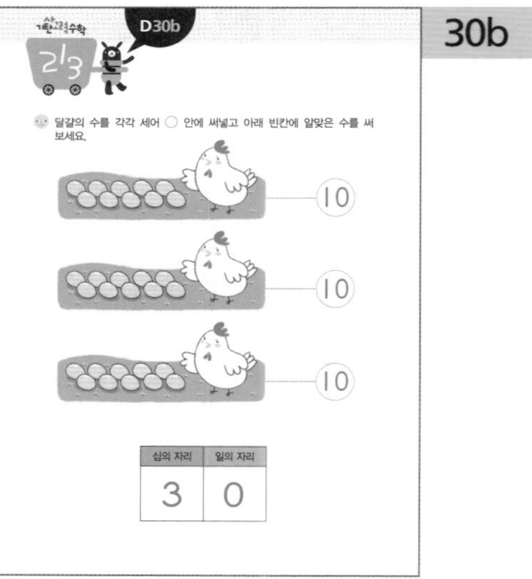

이해하기 십진법의 기초가 되는 자릿값을 이용한 수 나타내기 활동입니다.

해결하기 10개씩 묶음의 수인 2와 3은 십의 자리에, 낱개 수 9와 0은 일의 자리에 써서 스물아홉은 29로, 서른은 30으로 나타냅니다.

31a

D31a

이름 :
날짜 :

[40까지의 수 알아보기]

비눗방울을 열 개씩 묶어 보고 물음에 답해 보세요.

열 개씩 묶음이 몇 개인가요? 3 개

나머지는 몇 개인가요? 1 개

모두 몇 개인가요? 31 개

31b

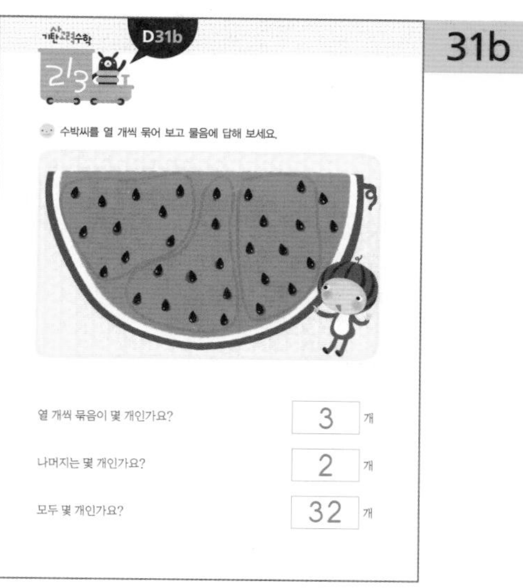
D31b

수박씨를 열 개씩 묶어 보고 물음에 답해 보세요.

열 개씩 묶음이 몇 개인가요? 3 개

나머지는 몇 개인가요? 2 개

모두 몇 개인가요? 32 개

이해하기 '서른하나'와 '서른둘'의 양을 알아보고 왜 31, 32라고 표현하는지를 알아보는 활동입니다.

해결하기 열 개까지 센 것을 하나로 묶어 보게 합니다. 열 개 묶음이 3개, 낱개가 1개이면 31, 열 개 묶음이 3개, 낱개가 2개이면 32라고 씁니다.

32a

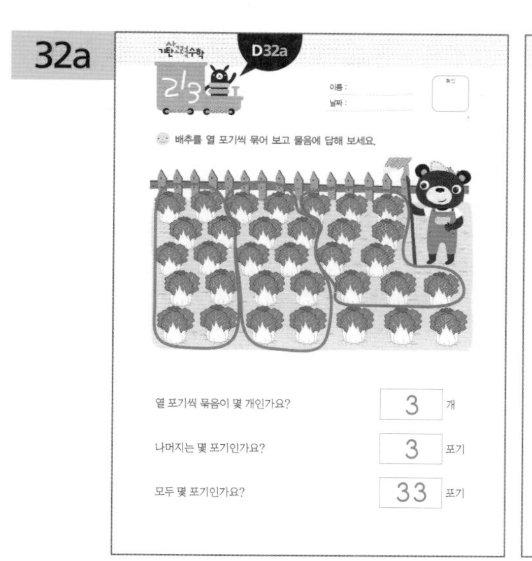
D32a

이름 :
날짜 :

배추를 열 포기씩 묶어 보고 물음에 답해 보세요.

열 포기씩 묶음이 몇 개인가요? 3 개

나머지는 몇 포기인가요? 3 포기

모두 몇 포기인가요? 33 포기

32b

D32b

꿀단지를 열 통씩 묶어 보고 물음에 답해 보세요.

열 통씩 묶음이 몇 개인가요? 3 개

나머지는 몇 통인가요? 4 통

모두 몇 통인가요? 34 통

이해하기 '서른셋'과 '서른넷'의 양을 알아보고 왜 33, 34라고 표현하는지를 알아보는 활동입니다.

해결하기 열 개까지 센 것을 하나로 묶어 보게 합니다. 열 개 묶음이 3개, 낱개가 3개이면 33, 열 개 묶음이 3개, 낱개가 4개이면 34라고 씁니다.

※해답은 따로 보관하고 있다가 채점할 때 사용해 주세요.

33a

기탄사고력수학 D33a

이름 :
날짜 :
확인

도토리를 열 개씩 묶어 보고 물음에 답해 보세요.

열 개씩 묶음이 몇 개인가요? 3 개

나머지는 몇 개인가요? 5 개

모두 몇 개인가요? 35 개

33b

기탄사고력수학 D33b

야구공을 열 개씩 묶어 보고 물음에 답해 보세요.

열 개씩 묶음이 몇 개인가요? 3 개

나머지는 몇 개인가요? 6 개

모두 몇 개인가요? 36 개

이해하기 '서른다섯'과 '서른여섯'의 양을 알아보고 왜 35, 36이라고 표현하는지를 알아보는 활동입니다.

해결하기 열 개까지 센 것을 하나로 묶어 보게 합니다. 열 개 묶음이 3개, 낱개가 5개이면 35, 열 개 묶음이 3개, 낱개가 6개이면 36이라고 씁니다.

34a

기탄사고력수학 D34a

이름 :
날짜 :
확인

빗방울을 열 개씩 묶어 보고 물음에 답해 보세요.

열 개씩 묶음이 몇 개인가요? 3 개

나머지는 몇 개인가요? 7 개

모두 몇 개인가요? 37 개

34b

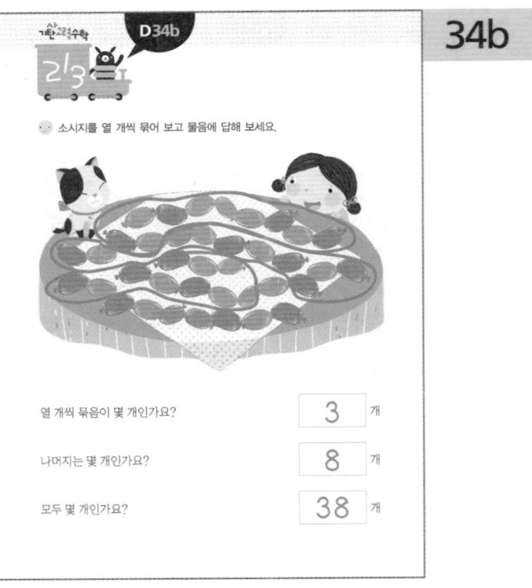
기탄사고력수학 D34b

소시지를 열 개씩 묶어 보고 물음에 답해 보세요.

열 개씩 묶음이 몇 개인가요? 3 개

나머지는 몇 개인가요? 8 개

모두 몇 개인가요? 38 개

이해하기 '서른일곱'과 '서른여덟'의 양을 알아보고 왜 37, 38이라고 표현하는지를 알아보는 활동입니다.

해결하기 열 개까지 센 것을 하나로 묶어 보게 합니다. 열 개 묶음이 3개, 낱개가 7개이면 37, 열 개 묶음이 3개, 낱개가 8개이면 38이라고 씁니다.

35a

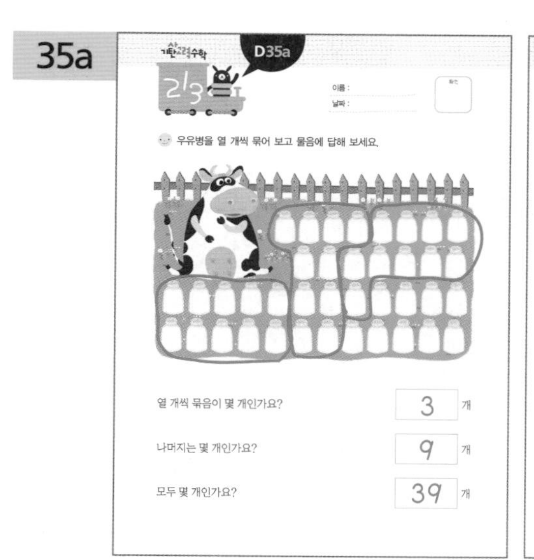

35b

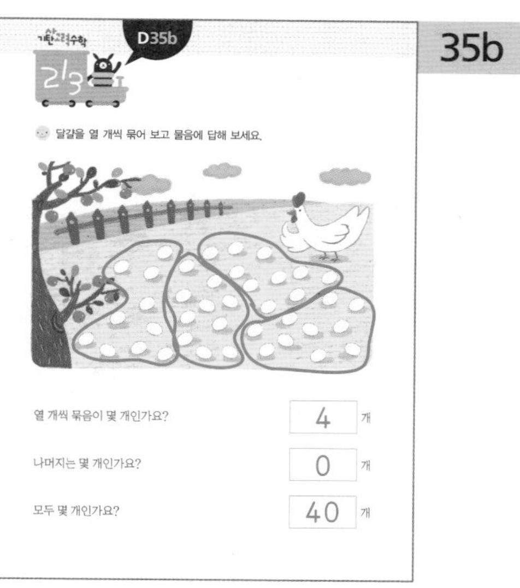

이해하기 '서른아홉'과 '마흔'의 양을 알아보고 왜 39, 40이라고 표현하는지를 알아보는 활동입니다.

해결하기 열 개까지 센 것을 하나로 묶어 보게 합니다. 열 개 묶음이 3개, 낱개가 9개이면 39, 열 개 묶음이 4개, 낱개가 0개이면 40이라고 씁니다.

36a

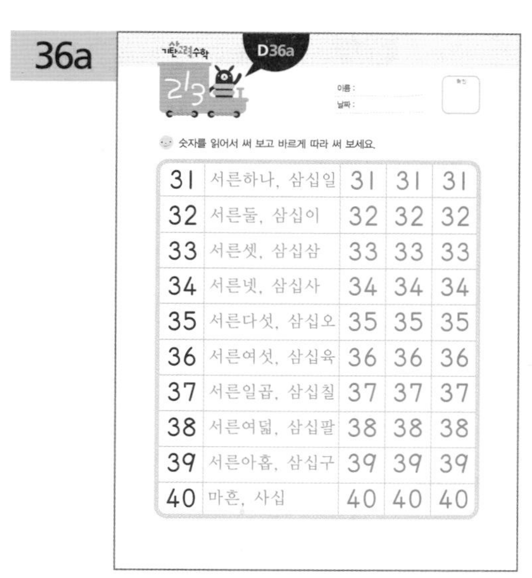

36b

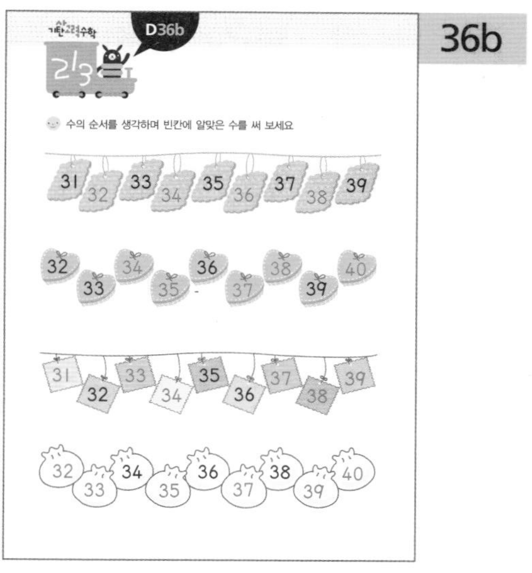

이해하기 31부터 40까지의 수를 읽고 써 보며 아는 것을 확인하고, 31부터 40까지의 수의 순서를 알아보는 활동입니다.

해결하기 31부터 40까지 반복해서 읽고 쓰기를 연습해 봅니다. 또한 31부터 40까지의 수 중에서 순서대로 말해 보며 빠진 숫자를 써넣습니다.

37a

37b

이해하기 31부터 40까지의 수의 순서를 알아보는 활동입니다.

해결하기 31부터 40까지의 수를 순서대로 말해 보며 빠진 숫자를 써넣습니다. 또한 수의 순서대로 선을 이어서 그림을 완성해 보는 놀이를 통해 수의 순서를 확실하게 알 수 있습니다.

38a

D38a

이름 :
날짜 :
확인

1 큰 수를 빈칸에 써 보세요.

35 → 36　31 → 32

32 → 33　30 → 31

34 → 35　36 → 37

38 → 39　39 → 40

38b

D38b

1 작은 수를 빈칸에 써 보세요.

35 → 34　40 → 39

38 → 37　37 → 36

31 → 30　33 → 32

36 → 35　39 → 38

이해하기 수의 순서에서 바로 다음에 오는 수는 1 큰 수, 바로 전의 수는 1 작은 수임을 아는 활동입니다.

해결하기 31, 32, 33, 34, 35, 36, ……에서 35보다 1 큰 수는 35 바로 다음 수인 36이고, 35보다 1 작은 수는 35 바로 전의 수인 34입니다. 같은 방법으로 1 큰 수, 1 작은 수를 알아봅니다.

39a

39b

이해하기 수의 순서 중 어떤 수가 빠졌는지 알아보는 문제로 수의 순서를 명확하게 정리할 수 있습니다.

해결하기 수의 순서를 생각하여 소리 내어 읽으면서 주어진 2개의 수 다음에 올 수, 전에 올 수 또는 사이에 들어갈 수를 알아봅니다.

40a

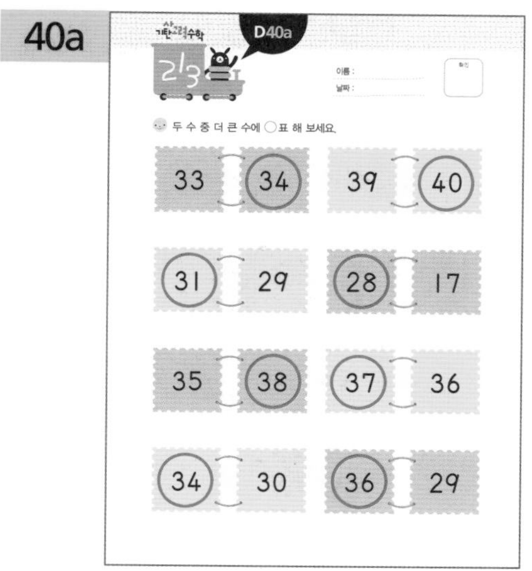

40b

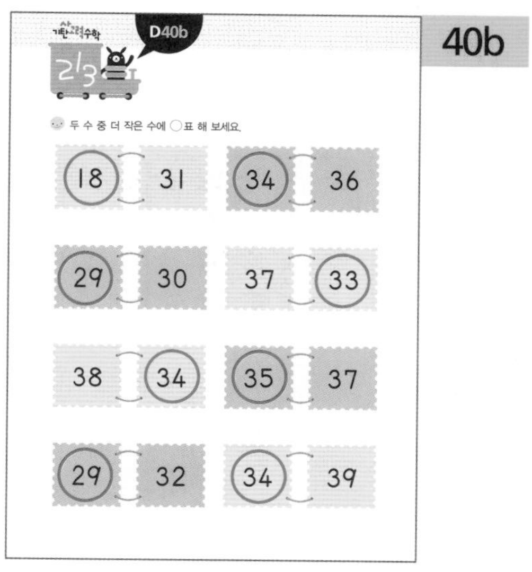

이해하기 수를 보고 그 양을 이해하여 어느 것이 더 크고, 어느 것이 더 작은 수인지 비교할 수 있습니다.

해결하기 수의 대소 비교는 처음 접하는 아이들에겐 어려울 수 있습니다. 먼저 10개씩 묶음이 많은 것을 찾아보게 하고, 10개씩 묶음 수가 같을 때는 낱개 수를 비교하여 어느 수가 더 크고 작은지를 판단할 수 있게 합니다.

※해답은 따로 보관하고 있다가 채점할 때 사용해 주세요.

41a

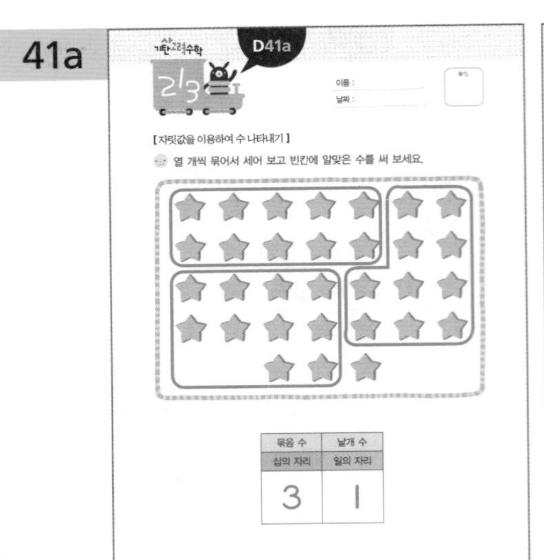

41b

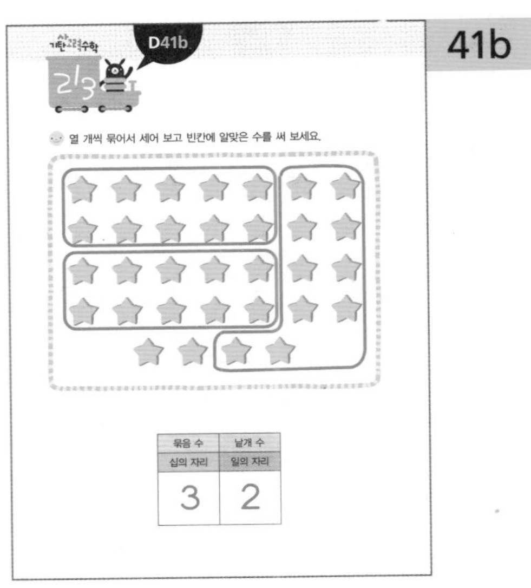

이해하기 십진법의 기초가 되는 자릿값을 이용한 수 나타내기 활동입니다.

해결하기 10개씩 묶음의 수인 3은 십의 자리에, 낱개 수 1, 2는 일의 자리에 써서 서른하나는 31로, 서른둘은 32로 나타냅니다.

42a

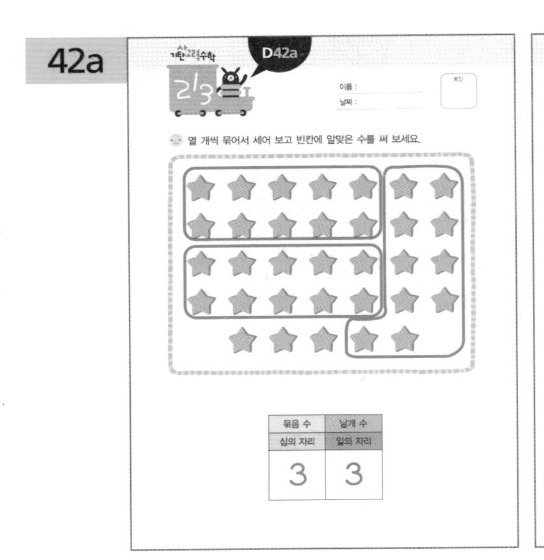

42b

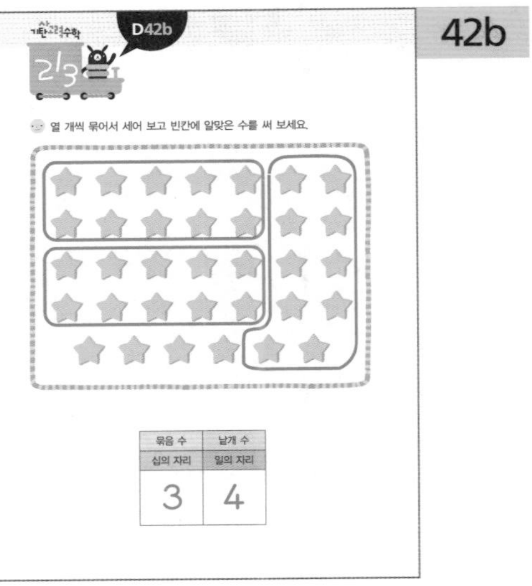

이해하기 십진법의 기초가 되는 자릿값을 이용한 수 나타내기 활동입니다.

해결하기 10개씩 묶음의 수인 3은 십의 자리에, 낱개 수 3, 4는 일의 자리에 써서 서른셋은 33으로, 서른넷은 34로 나타냅니다.

43a

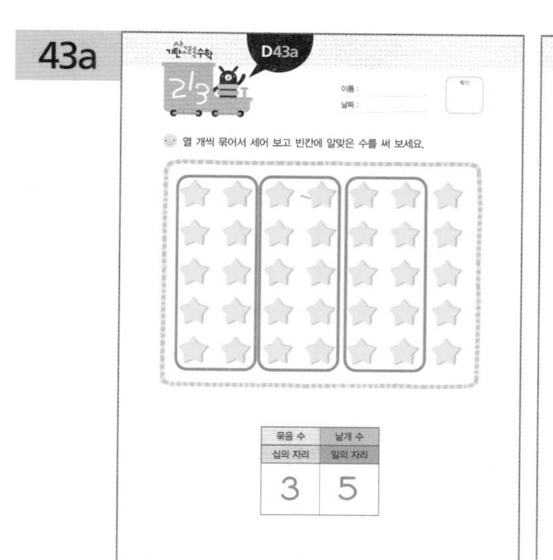

43b

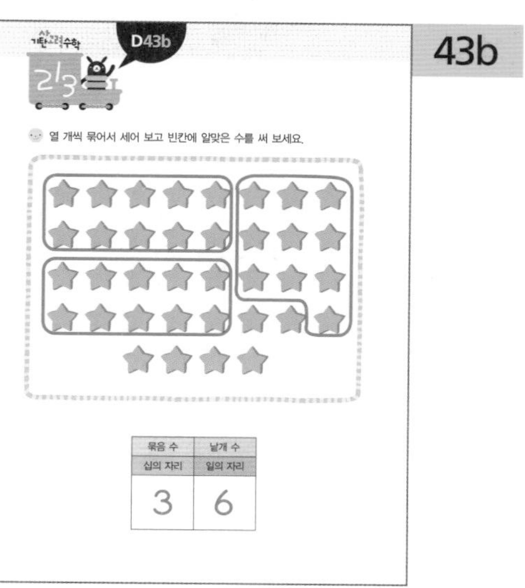

이해하기 십진법의 기초가 되는 자릿값을 이용한 수 나타내기 활동입니다.

해결하기 10개씩 묶음의 수인 3은 십의 자리에, 낱개 수 5, 6은 일의 자리에 써서 서른다섯은 35로, 서른여섯은 36으로 나타냅니다.

44a

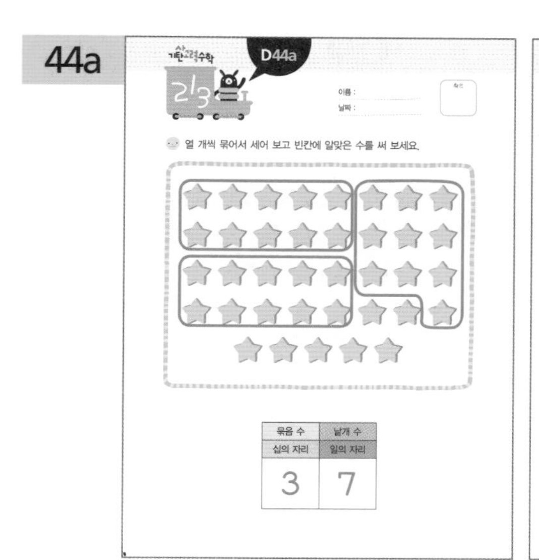

44b

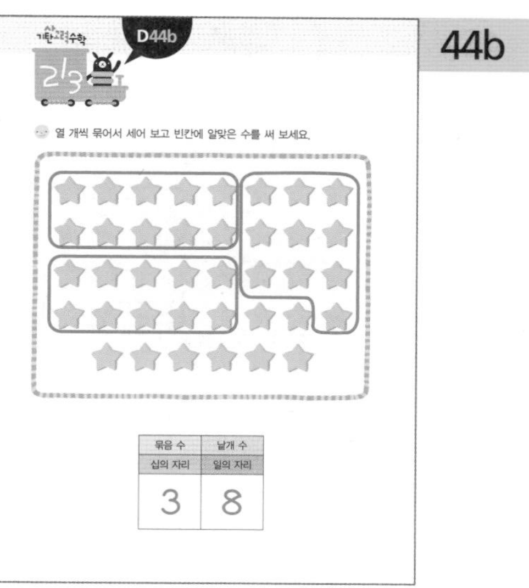

이해하기 십진법의 기초가 되는 자릿값을 이용한 수 나타내기 활동입니다.

해결하기 10개씩 묶음의 수인 3은 십의 자리에, 낱개 수 7, 8은 일의 자리에 써서 서른일곱은 37로, 서른여덟은 38로 나타냅니다.

45a

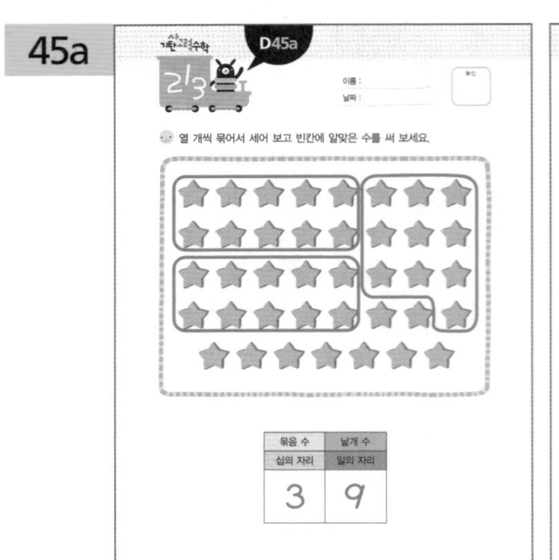

45b

이해하기 십진법의 기초가 되는 자릿값을 이용한 수 나타내기 활동입니다.

해결하기 10개씩 묶음의 수인 3, 4는 십의 자리에, 낱개 수 9, 0은 일의 자리에 써서 서른아홉은 39로, 마흔은 40으로 나타냅니다.

46a

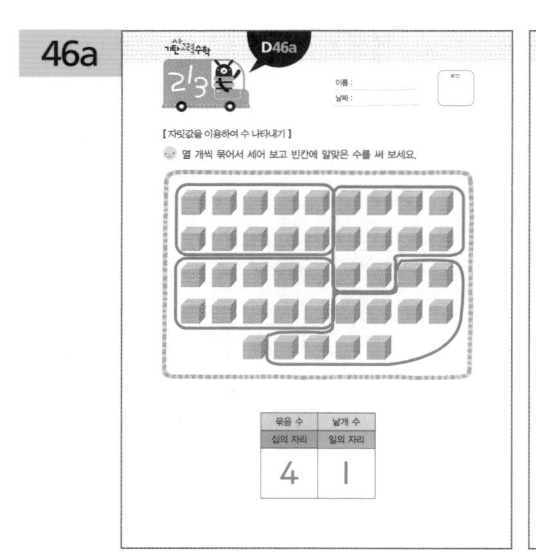

46b

이해하기 십진법의 기초가 되는 자릿값을 이용한 수 나타내기 활동입니다.

해결하기 10개씩 묶음의 수인 4는 십의 자리에, 낱개 수 1, 2는 일의 자리에 써서 마흔하나는 41로, 마흔둘은 42로 나타냅니다.

47a

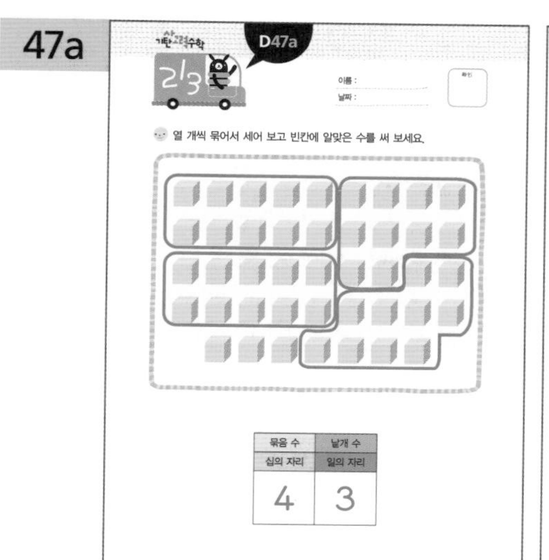

47b

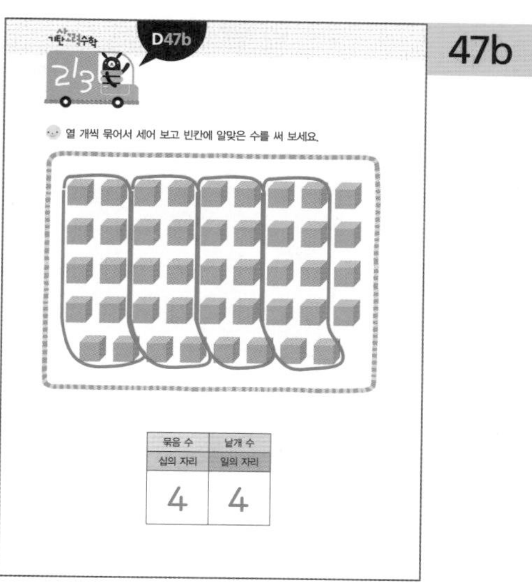

이해하기 십진법의 기초가 되는 자릿값을 이용한 수 나타내기 활동입니다.

해결하기 10개씩 묶음의 수인 4는 십의 자리에, 낱개 수 3, 4는 일의 자리에 써서 마흔셋은 43으로, 마흔넷은 44로 나타냅니다.

48a

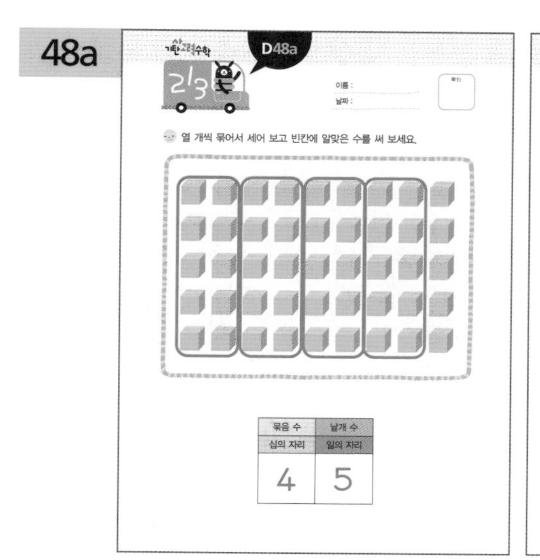

48b

이해하기 십진법의 기초가 되는 자릿값을 이용한 수 나타내기 활동입니다.

해결하기 10개씩 묶음의 수인 4는 십의 자리에, 낱개 수 5, 6은 일의 자리에 써서 마흔다섯은 45로, 마흔여섯은 46으로 나타냅니다.

※해답은 따로 보관하고 있다가 채점할 때 사용해 주세요.

49a

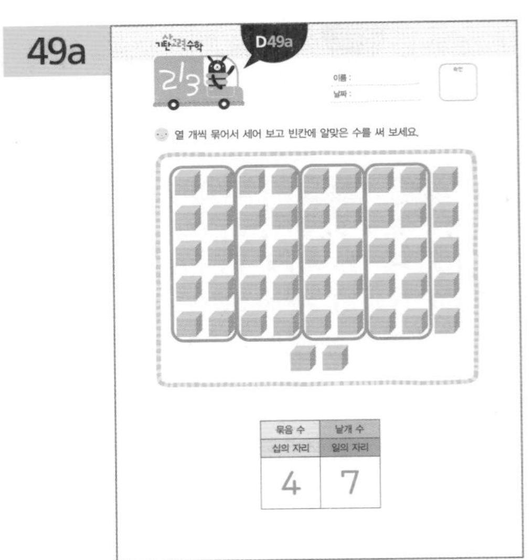

49b

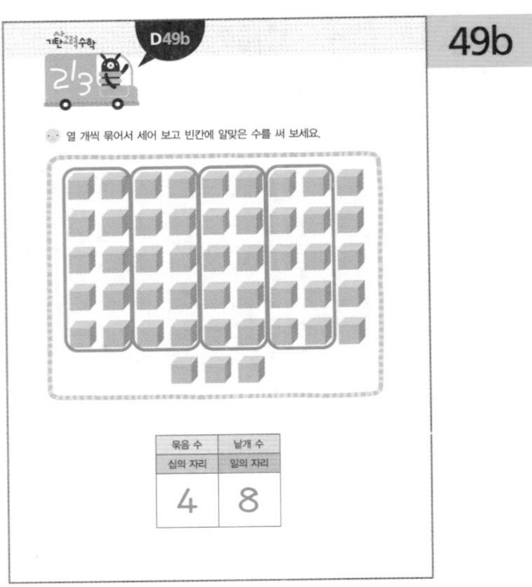

이해하기 십진법의 기초가 되는 자릿값을 이용한 수 나타내기 활동입니다.

해결하기 10개씩 묶음의 수인 4는 십의 자리에, 낱개 수 7, 8은 일의 자리에 써서 마흔일곱은 47로, 마흔여덟은 48로 나타냅니다.

50a

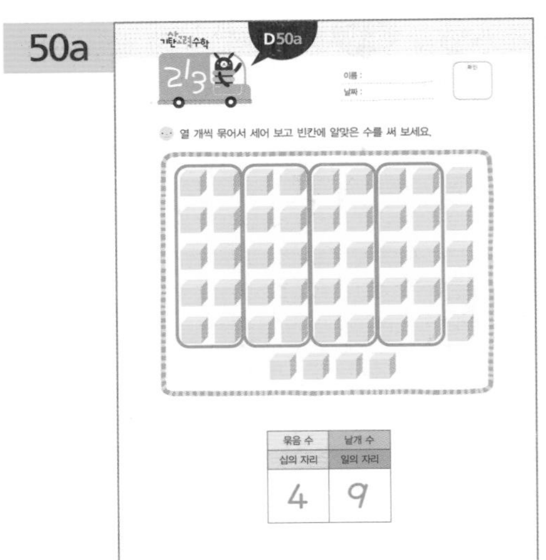

50b

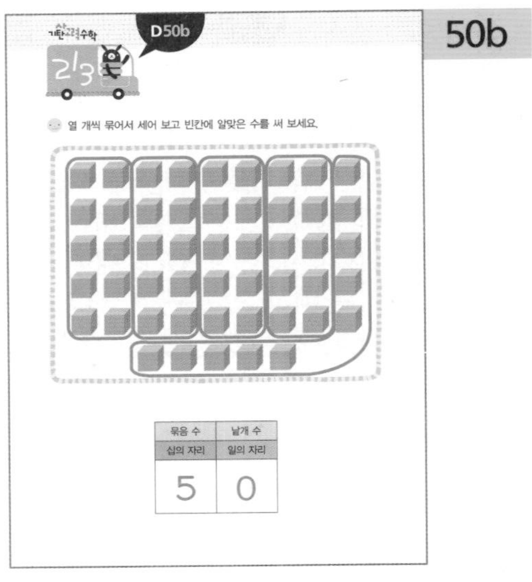

이해하기 십진법의 기초가 되는 자릿값을 이용한 수 나타내기 활동입니다.

해결하기 10개씩 묶음의 수인 4, 5는 십의 자리에, 낱개 수 9, 0은 일의 자리에 써서 마흔아홉은 49로, 쉰은 50으로 나타냅니다.

51a

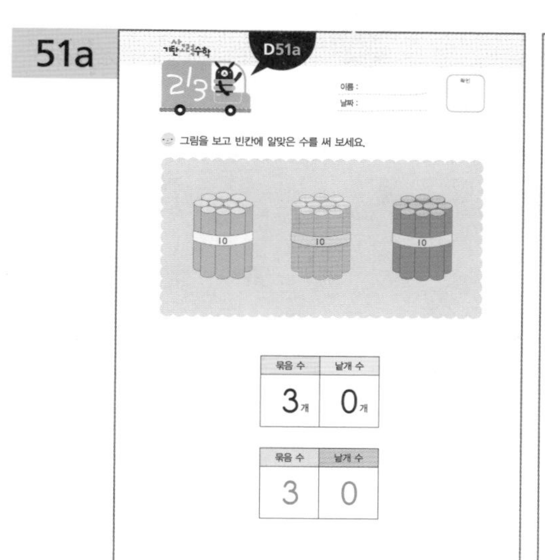
D51a

이름 :
날짜 :

그림을 보고 빈칸에 알맞은 수를 써 보세요.

묶음 수	낱개 수
3개	0개

묶음 수	낱개 수
3	0

51b

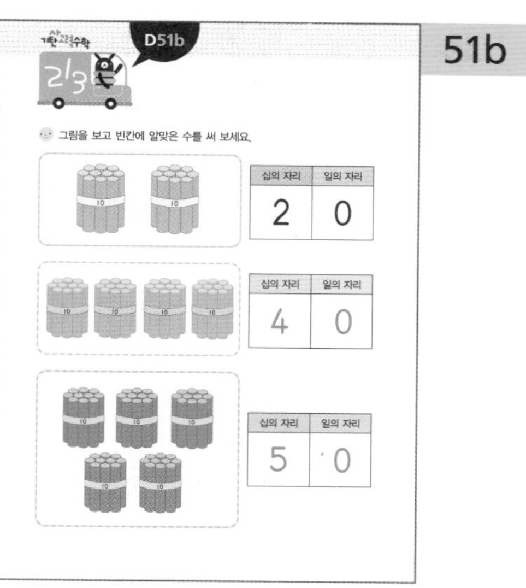
D51b

그림을 보고 빈칸에 알맞은 수를 써 보세요.

십의 자리	일의 자리
2	0

십의 자리	일의 자리
4	0

십의 자리	일의 자리
5	0

이해하기 10개씩 묶음 그림을 보고 수로 나타내 보는 활동입니다.

해결하기 10개씩 묶음의 수를 세어 십의 자리에 씁니다. 10개씩 묶음의 수가 2이면 20, 10개씩 묶음의 수가 3이면 30, 10개씩 묶음의 수가 4이면 40, 10개씩 묶음의 수가 5이면 50입니다.

52a

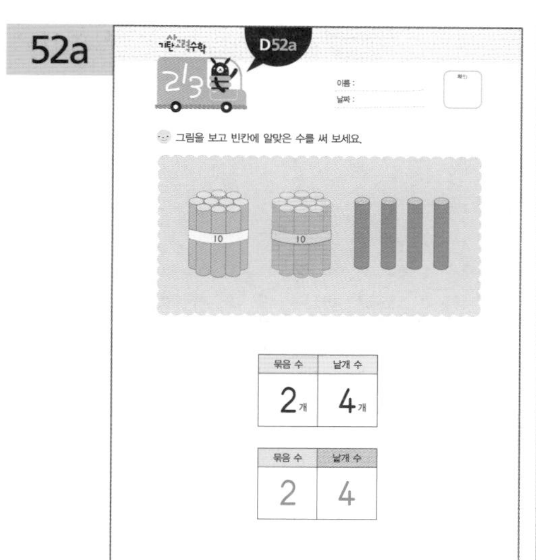
D52a

이름 :
날짜 :

그림을 보고 빈칸에 알맞은 수를 써 보세요.

묶음 수	낱개 수
2개	4개

묶음 수	낱개 수
2	4

52b

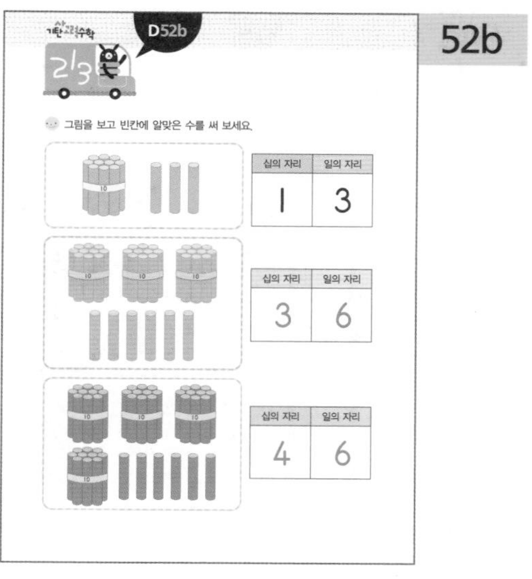
D52b

그림을 보고 빈칸에 알맞은 수를 써 보세요.

십의 자리	일의 자리
1	3

십의 자리	일의 자리
3	6

십의 자리	일의 자리
4	6

이해하기 10개씩 묶음과 낱개 그림을 보고 수로 나타내 보는 활동입니다.

해결하기 10개씩 묶음의 수를 세어 십의 자리에 쓰고, 낱개의 수를 세어 일의 자리에 씁니다. 10개씩 묶음의 수가 2이고, 낱개의 수가 4이면 24가 됩니다. 십의 자리에 쓴 수 2는 20을 나타냅니다.

※해답은 따로 보관하고 있다가 채점할 때 사용해 주세요.

53a

53b

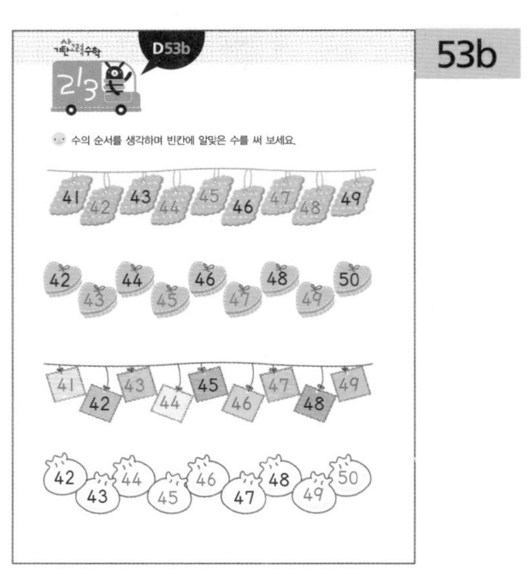

이해하기 41부터 50까지의 수를 읽고 써 보며 아는 것을 확인하고, 41부터 50까지의 수의 순서를 알아보는 활동입니다.

해결하기 41부터 50까지 반복해서 읽고 쓰기를 연습해 봅니다. 또한 41부터 50까지의 수 중에서 순서대로 말해 보며 빠진 숫자를 써넣습니다.

54a

54b

이해하기 41부터 50까지의 수의 순서를 알아보는 활동입니다.

해결하기 41부터 50까지의 수를 순서대로 말해 보며 빠진 숫자를 써넣습니다. 또한 1부터 50까지의 수의 순서대로 수를 읽고 써 보는 활동을 통해 수의 순서를 확실하게 알 수 있습니다.

55a

55b

해결하기 1부터 50까지의 수를 순서대로 말해 보며 빠진 숫자를 써넣습니다. 수를 채워가며 완성해 보는 놀이를 통해 수의 순서를 확실하게 알 수 있습니다.

해결하기 11부터 1 큰 수를 찾아가는 활동은 11부터 수의 순서대로 수를 찾아가는 활동이라고 생각할 수 있습니다. 11, 12, 13, ……, 30까지 순서대로 길을 찾아가 봅니다.

56a

56b

이해하기 수의 순서 중 어떤 숫자가 빠졌는지 알아보는 문제로 수의 순서를 명확하게 정리할 수 있습니다.

해결하기 수의 순서를 생각하여 소리 내어 읽으면서 주어진 2개의 수 다음에 올 수, 전에 올 수 또는 사이에 들어갈 수를 알아봅니다.

※해답은 따로 보관하고 있다가 채점할 때 사용해 주세요.

57a

D57a

이름 :
날짜 :
확인

소시지의 수를 세어 보고 빈칸에 알맞은 수를 써 보세요.

14

32

23

41

26

57b

D57b

구슬의 수를 세어 보고 빈칸에 알맞은 수를 써 보세요.

12

25

37

19

44

이해하기 10개씩 묶음의 수와 낱개의 수를 세어 전체 수를 나타내는 활동입니다.

해결하기 10개씩 묶음의 수는 십의 자리에, 낱개의 수는 일의 자리에 써서 전체 소시지 또는 구슬이 몇 개인지 나타낼 수 있습니다.

58a

D58a

이름 :
날짜 :
확인

두 수 중 더 큰 수에 ○표 해 보세요.

15 (26) (35) 29

(43) 28 19 (25)

33 (37) 49 (50)

24 (31) 35 (44)

58b

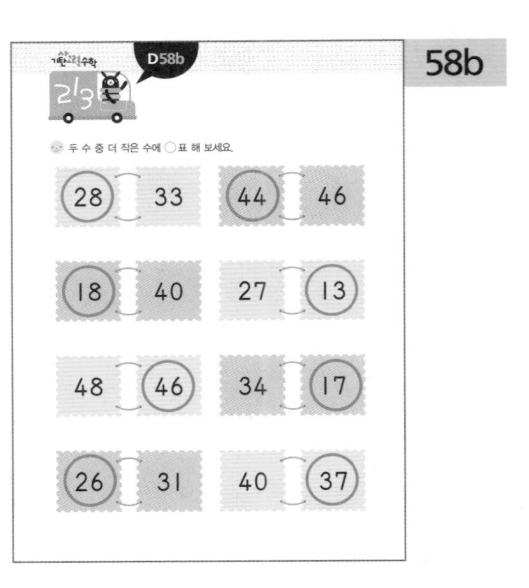

이해하기 수를 보고 그 양을 이해하여 어느 것이 더 크고, 어느 것이 더 작은 수인지 비교할 수 있습니다.

해결하기 수의 대소 비교를 위해 먼저 10개씩 묶음이 많은 것을 찾아보게 하고, 10개씩 묶음 수가 같을 때는 낱개 수를 비교하여 어느 수가 더 크고 작은지를 판단할 수 있게 합니다.

59a

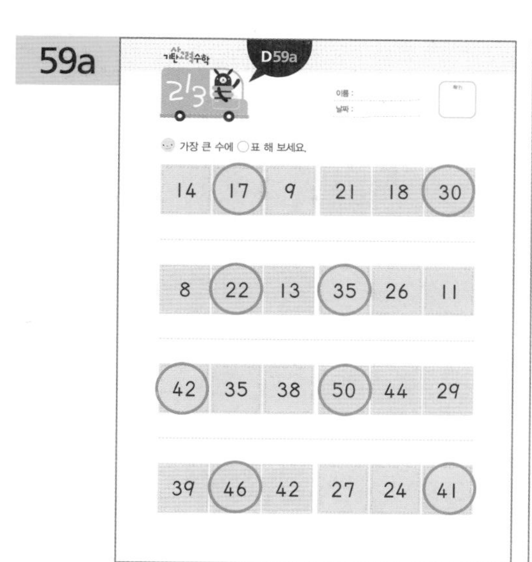

59b

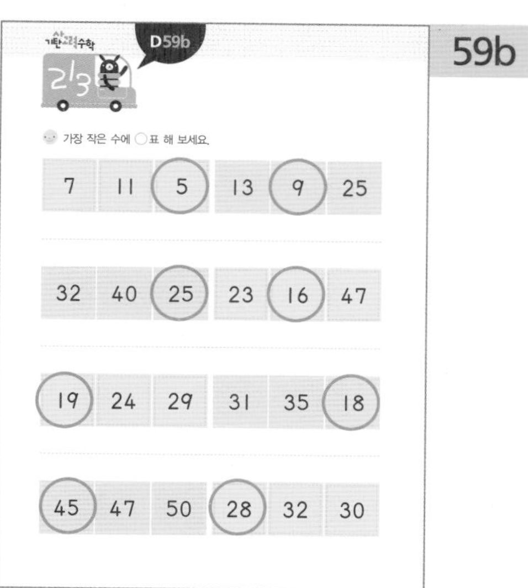

이해하기 수를 보고 그 양을 이해하여 어느 것이 가장 큰 수이고, 어느 것이 가장 작은 수인지 비교할 수 있습니다.

해결하기 수의 대소 비교를 위해 먼저 10개씩 묶음의 수를 비교합니다. 10개씩 묶음의 수가 같을 때에는 낱개 수를 비교하여 대소를 판단합니다.

60a

60b

이해하기 어떤 수를 기준으로 하여 더 큰 수와 더 작은 수를 찾는 활동입니다.

해결하기 40보다 큰 수인 41, 48, 50은 노란색, 40보다 작은 수인 18, 26, 33, 38은 녹색으로 색칠합니다.

이해하기 1부터 50까지의 수의 순서를 알아보는 활동입니다.

해결하기 수의 순서대로 선을 이어서 그림을 완성해 보는 놀이를 통해 수의 순서를 확실하게 알 수 있습니다.

MEMO